下一站火星

The Next Stop: Mars

毛新愿 著

www.cosmosbooks.com.hk

書　　名　下一站火星

作　　者　毛新愿

編　　輯　祁　思

美術編輯　郭志民

出　　版　天地圖書有限公司

　　　　　香港黃竹坑道46號

　　　　　新興工業大廈11樓（總寫字樓）

　　　　　電話：2528 3671 傳真：2865 2609

　　　　　香港灣仔莊士敦道30號地庫（門市部）

　　　　　電話：2865 0708 傳真：2861 1541

印　　刷　亨泰印刷有限公司

　　　　　香港柴灣利眾街德景工業大廈10字樓

　　　　　電話：2896 3687 傳真：2558 1902

發　　行　香港聯合書刊物流有限公司

　　　　　香港新界荃灣德士古道220-248號荃灣工業中心16樓

　　　　　電話：2150 2100 傳真：2407 3062

出版日期　2020年12月／初版・香港

本書簡體字版名為《下一站火星》，書號為9787121381805，由電子工業出版
社有限公司出版，版權屬電子工業出版社有限公司所有。本書為電子工業出版
社有限公司通過北京聯創輝煌文化傳媒有限公司獨家授權的中文繁體字版本，
僅限於繁體中文使用地區發行。未經本書原著出版者與本書出版者書面許可，
任何單位和個人均不得以任何形式（包括任何資料庫或存取系統）複製、傳
播、抄襲或節錄本書全部或部份內容。

目錄

序言

踏上火星，
人類成為跨行星生存的物種

我們從何處來？

我們是誰？

我們將向何處去？

（圖源：波士頓美術館）

《我們從何處來？我們是誰？我們將向何處去？》
法國著名印象派畫家保羅・高更的名畫拋出了三大世紀之問。

這是人類自有意識以來就不斷對自己提出的三個問題，也是所有哲學家渴望回答的終極問題。漫長的人類進化史，其本質之一就是人類不斷挑戰自身極限去解答這三個問題的過程。

　　數萬年前，在語言發明後，人類能夠口口相傳祖先的傳說；一萬年前，經歷文字革命，人類有能力記錄自己的歷史和故事，人們開始清楚自己的身世。1859 年，查爾斯·達爾文的《物種起源》發表後，「物競天擇，適者生存」的理論開始傳遍世界。人類逐漸明白自己不過是地球上億萬物種中能適應當前時代的一種，在承襲了無數奠基物種的優勢後才得以發展到今日。直到新世紀初，隨着人類基因組測序計劃的完成，人類更加清楚自己的身世，龐大的基因組也揭秘了人類從樹上到地上、從非洲到美洲、從出生到死亡的進化發展密碼。

　　然而，一直有一個重要的問題無法解答：我們最終將向何處去？

　　自從祖先從茹毛飲血的蠻荒時代緩慢走入文明社會，人類頭頂上的天空便成為最為神秘的地方。星辰萬象、電閃雷鳴，讓人們幻想天上有神靈。但是，即使我們向各種各樣的神祈禱，也始終無法擺脫地心引力的桎梏。人類的未來難道就真的停留在風雨雷電之下，腳下的土地也將是子孫後代永遠的安息之所嗎？

　　科技的發展與進步在近現代迎來一個重要的奇點——航天科技爆發。現代航天器的先驅是並不光彩的 V2 火箭（導彈），人類很快就在 1969 年將足跡印上了 38 萬公里之外的月球，並創造了一個登陸過月球的 12 人俱樂部。這 12 個人甚至可以被定義成一個新的「物種」——一種可以跨越星球生存的地球生物。

儘管如此，人類對宇宙的認知還是太狹隘。根據 2013 年哈勃望遠鏡的觀測，科學家明確已知的宇宙歷史是 138 億年，而它還在不斷膨脹，目前可探測到的宇宙半徑已經達到了 465 億光年！一光年是光在宇宙真空中沿直線傳播一年的距離，長度大約是 9.5 萬億公里。如果讓人步行的話，走完一光年至少需要數億年；就算坐高鐵一刻不停地往前衝，也需要幾百萬年！

　　這畢竟還只是初步觀測。古人云：耳聽為虛，眼見為實。現代科學也相信用觀察驗證假設。兩者並沒有本質區別，都是相信實際看到的、能做到的才是真的。因而，古人渴望探測海洋與我們今天努力探測宇宙，是同一個道理。

　　探險家費迪南德・麥哲倫在 500 年前帶領船隊實現了環球航行的夢想。幾百年間，人類的足跡遍佈地球各個角落。時至今日，科技的力量讓我們更進一步地了解地球。而對於宇宙探測，人類卻渺小到連「蚍蜉撼樹」的資格都沒有。假如真正以「眼見為實」的觀點來衡量，人類離開地球最遠的紀錄是阿波羅 13 號探月時的約 40 萬公里。當時阿波羅 13 號出現故障，只是繞了月球一圈回來，三位宇航員[①] 躲在登月艙裏祈禱能活着返回地球。可以説，除地球外，人類確切了解的宇宙星球中最遠的便是 38 萬公里外的月球。

　　在廣袤無際的宇宙中，人類走過的地方，大概就相當於太平洋中的水分子。中學物理書裏介紹過，隨便一滴水裏的水分子數量就高達數億億級別，這意味着我們跨越一個宇宙「水滴」都非常困難！在已知的宇宙面前，人類依然勢如螻蟻。

---

　　① 宇航員，全稱宇宙航天員，指以太空飛行為職業或進行太空飛行的人，一般會稱為「航天員」或「太空人」。

即使是人類使者——無人探測器的腳步，最遠到的地方，也僅是 1977 年美國國家航空航天局（NASA，下簡稱美國航空航天局）發射的旅行者 1 號在連續飛行 42 年後到達的距離地球 218 億公里處。這個里程即使以光速出發也需要 20 小時 5 分鐘才能跑完。然而，這與動輒以數億光年記錄的宇宙距離相比還是微不足道。

更何況，人類各種探測器和望遠鏡看到的圖像，都是因為有電磁波在宇宙中傳播。根據相對論，電磁波的傳播會受到引力場等各種因素的擾動，不斷轉向，發生變化。而人類未知的暗物質和暗能量佔宇宙總質量的 95% 左右。既然如此，人類怎麼確定一道光線（光是電磁波的一種）就來自看到它時它所在的那個方向？這道光線有可能從任意方向射出，不斷被引力影響，來到人類眼前。況且，人類觀測到的只是幾億光年外的宇宙一角，如今那裏發生了甚麼根本無從知曉。

可以說，人類對於宇宙的了解，連「坐井觀天」的水平都還遠未達到！

因此，我們不禁想反問自己幾個問題——如果人類是由初級地球生物演化而來的，那麼最早的地球生物來自哪裏？未來人類真的會永遠停留在地球這顆極不顯眼的行星上嗎？人類在宇宙中孤獨嗎？宇宙這麼大，只有地球上有生命不是太浪費了嗎？

任何一個與太陽系類似的恒星／行星系統都有宜居帶。在這個區域內，行星能接收到足夠的恒星輻射能量，能保持合適的溫度，維持液態水和大氣的存在，也可能孕育生命。在太陽系內部，金星、地球和火星都處於宜居帶上，但金星和火星因先天條件和後天演化變得不再宜居。太陽系只是銀河系中微

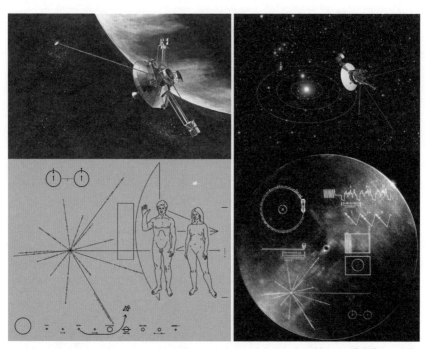

（圖源：NASA）

　1972 年和 1973 年先後發射的先驅者 10 號、先驅者 11 號和 1977 年發射的
旅行者 1 號、旅行者 2 號分別攜帶了一個金屬盤，上面主要包含兩條人類信息：
我們從何處來？我們是誰？（左上為「先驅者」，左下為其攜帶的金屬盤；
右上為「旅行者」，右下為其攜帶的金屬盤。）

不足道的一個小系統，像太陽這樣的恒星，銀河系裏可能有幾千億顆，而銀河系這種規模的星系在宇宙中恐怕可以用萬億級別來衡量。那麼，在宇宙中處於宜居帶上，有可能孕育生命的行星到底有多少呢？我覺得可以想像一下。

太陽系之外的行星叫作系外行星。在 21 世紀之前，人類僅僅發現了數十顆系外行星。隨着新世紀航天科技突飛猛進，人類發現的系外行星數目與日俱增。2009 年發射升空的開普勒太空望遠鏡極大地提升了天文學家的想像空間，單單在 2016 年人類就用它發現了 1,000 多顆系外行星。

顯然，人類絕不可能滿足於停留在渺小的地球上，外面幾近無窮的世界等待人類勇敢地邁出腳步去開發。地球唯一的天然衛星月球已經被征服。兩顆位於地球附近宜居帶的行星，金星已被證實難以探索，而且價值有限，所以火星就成了人類目前唯一的選擇。火星成為人類邁出地月系統，乃至邁出太陽系的試金石。

自古以來，人類幻想探測火星，在航天時代的實際探索也已經嘗試了 60 多年。這一進程目前還在不斷加速，因為所有人都在等待征服火星的那一天。那時人類可以被定義為一個全新的物種：一種來自地球的可以跨行星生存的生物。

為了這個輝煌時刻的到來，人類仍在孜孜不倦地努力。一個物種的功績可依靠其作為來評判。本書就希望以這樣一種視角，帶領讀者細細旁觀人類那些偉大的火星探測之旅，逐漸探清火星開發的未來。

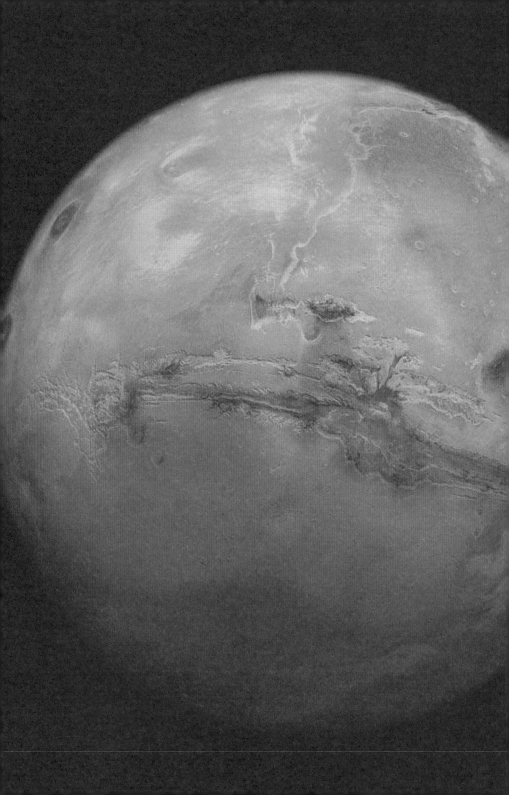

第一章

揭秘火星

火星是陪伴地球最久的三個岩質（類地）行星兄弟之一，人類給它賦予了各種各樣的意義。從「熒惑守心」的邪惡之源，到定義人類為跨行星物種的最佳墊腳石，地球的這個周身橙紅的兄弟見證了人類發展的歷史與輝煌。

地球和兩個可憐兄弟

地球有三個兄弟，按照與太陽之間的距離來排序，它們分別是水星、金星和火星。不過，比起地球天堂般的環境，水星和金星的生存條件簡直如煉獄一般。

地球：人類在太陽系的避風港

從 10 萬年前晚期智人走出非洲，到今天全世界大約有 77 億人口，地球成為孕育世間萬物和人類文明的唯一母親。

地球母親對人類既吝嗇又慷慨。她已經有 46 億歲「高齡」了，卻只分配了 20 萬年給人類這種「晚期智人亞種」。如果將地球的壽命化作 24 小時，晚期智人才剛剛出現 4 秒鐘，而人類最古老的兩河流域文明出現還不到一眨眼的時間（0.2 秒）。但是，她又如此慷慨，每年賜予人類至少 40 億噸（動植物）食物，讓人類盡情開採上百億噸煤炭和石油用來取暖和出行。更為重要的是，她給予人類近乎無盡的新鮮空氣和水源。

數萬年來，地球母親一直默默看着人類進化與文明興起。隨着航天科技的發展，人類總算有機會看清地球全貌。 1972 年 12 月 7 日，人類歷史上最偉大的航天科技成就——「阿波羅登月計劃」——進入收官之戰。阿波羅 17 號飛船的宇航員在奔月

1972 年 12 月 7 日，阿波羅 17 號飛船上的宇航員在前往月球時拍下了這張著名的照片。

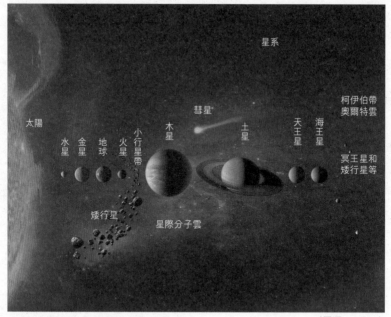

星系

柯伊伯帶
奧爾特雲

彗星

太陽

水星 金星 地球 火星 小行星帶 木星 土星 天王星 海王星

冥王星和
矮行星等

矮行星

星際分子雲

（圖源：NASA）

人類目前認知的太陽系基本構成

過程中拿起相機拍下了地球的全貌。當時，地球、太陽與飛船
處於最完美的拍攝角度，包括南極冰冠在內的整個地球向陽面
清晰可見。隨着「咔嚓」一聲，這張人類歷史上傳播次數最多
的照片之一被記錄下來——《藍色彈珠》。巧合的是，這張照
片的中心恰好是古老的非洲。那裏是人類的起源地，也是人類
夢想起步的地方。在阿波羅 17 號完成任務之後，「阿波羅登月
計劃」這項人類歷史上最偉大的科技任務正式宣告結束。

地球在太陽系內並不孤獨，在 46 億年前，包括太陽和地球
在內的主要太陽系構成星體先後形成。地球上廣泛存在金、銀
等重金屬就是「太陽源於母代恒星爆炸後的重生」最好的證據，
因為這些重金屬幾乎只能在劇烈的超新星爆炸或中子星級別的

超級碰撞中形成。它們在渺小的地球中顯然不能夠自然生成，畢竟一顆普通中子星就比幾十萬個地球重。母代恒星爆炸後，絕大部份物質依然聚集在中心，成為太陽重生的襁褓，其他殘餘物質則成為在太陽系內部播撒的種子。它們都是一團團星雲物質，沿着軌道運轉，在引力作用下不斷聚攏成星球。從這個角度來講，每個含有金屬的戒指都代表真正永恒的愛之祝福。

這些散落在太陽系各個角落的物質先後結合形成了太陽系的八大行星、各大行星的數百顆衛星、幾顆矮行星（過去的第九大行星冥王星在 2006 年被降級為矮行星；柯伊伯帶甚至可能有成百上千顆矮行星，但未被證實）、數以億計的小行星和無法統計數量的彗星。儘管如此，這些星球加在一起僅僅是太陽系總質量的 1%；相比而言，太陽質量佔比超過了 99%。地球則是太陽系中微不足道的一員。太陽系僅僅賜予地球三十三萬分之一的質量和二十億分之一的太陽光照能量，而這些能量便滋養了世間萬物。

為進行區分，人類習慣把目前的太陽系八大行星劃分為兩大類。一類行星是類木行星，也叫氣態行星。它們像木星一樣主要由大團氣體構成，有木星、土星、天王星和海王星四顆。還可以將它們進一步區分為氣態巨行星（木星、土星）和冰巨星（天王星、海王星）。類木行星距離太陽都非常遙遠，那裏是極寒地帶。在形成之初，它們並沒有被太陽風吹走過多的氣體，太陽輻射帶來的能量並不足以讓行星表面氣體分子獲得足夠動能，以進一步逃逸。它們有龐大的質量和體積，巨大引力又進一步束縛了以氫氣和氦氣為主的輕氣體團，所以被叫作氣態行星。另一類行星則是類地行星，也叫岩質行星，它們的表面和大部份結構都是岩石質地，與地球類似。類地行星有水星、

木星　土星　天王星　海王星　地球　金星　火星　水星　冥王星

（圖源：POV-Ray）

太陽系八大行星和冥王星體積大小對比，
地球體型屬於中等。

金星、地球和火星。這幾個行星都處於太陽系內側，這裏接收到的太陽能量大大高於外側。類地行星表面的絕大部份氣體在形成之後逐漸逃離，它們僅由較重的岩質部份和一小部份分子量較重的氣體構成，如二氧化碳、氧氣、氮氣等。類木行星和類地行星彷彿是生活在同一屋簷下的兄弟姐妹，前者體型巨大卻虛胖，後者矮小卻結實。

　　從某個角度來說，和地球最親近的就是三個親兄弟——水星、金星和火星，但這只是一個美好幻想。實際上，比起能夠完美孕育生命的地球，水星和金星兩兄弟可謂「慘不忍睹」。

水星：千瘡百孔，冰與火的世界

　　地球距離太陽平均約 1.5 億公里，該距離就是一個標準天文單位。這聽起來非常遙遠，但地球接收到的太陽輻射能量足以孕育所有的生命。今天人類廣泛使用的化石能源，如煤、石油、天然氣、可燃冰等都是由歷史上的地球生物遺骸形成的。水星距離太陽約 4,600 萬～6,982 萬公里（軌跡為橢圓），這意味着它在被太陽瘋狂地炙烤，太陽風幾乎吹走了所有空氣。水星向陽面的溫度高達攝氏 430 度，要知道我們做飯時大火爆炒和油炸的溫度也僅在攝氏 300 度以內，所以那裏簡直是煉獄。由於缺乏大氣層保溫，水星背對太陽的一面是低至攝氏零下 170 度的極寒地帶。相較而言，中國有史以來記錄的最低溫度為最北端漠河的攝氏零下 58 度，比起水星的溫度不值一提。

　　水星體積太小，內核保溫效果差，內部熱量逐漸散失，沒有足夠的熔融狀態金屬內核來產生強大的磁場。因而，在僅有地球磁場 1.1% 強度的磁場「保護」下，水星根本無法抵禦強大的太陽風。在缺乏大氣層保護的情況下，水星周身遍佈星際物質直接撞擊形成的隕石坑。在水星上，你可能隨時都會遭遇一場「隕石雨」。綜合來看，水星是一個幾乎不可能孕育生命的蠻荒之地。然而，水星在太陽系的位置也意味着它記錄了太陽演化的痕跡，對人類了解太陽乃至太陽系的歷史大有幫助。

　　水星是距離太陽最近的行星，深受強大的太陽引力的影響。根據開普勒定律（Kepler's laws），距離恆星越近，行星速度越快，所以水星的運轉速度是所有行星裏最快的，達到了驚人的 47.8 公里／秒，圍繞太陽運行一圈僅耗時 88 天，大大快於地球 29.8 公里／秒的運轉速度和圍繞太陽公轉一周耗費的約 365 天時間。水星因此獲得了西方神話傳說裏飛行使者和

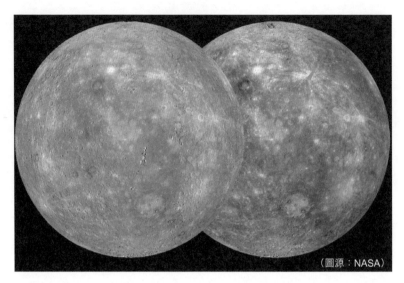

（圖源：NASA）

信使號記錄的水星全景

信使之神的美名──墨丘利（Mercury）。

對水星的探測極其艱難。探測器一旦離開地球，向軌道內側的太陽飛去時，便會受外力影響不斷加速，越飛越快。水星處於太陽系行星軌道最內側，而且質量僅有地球的 5% 左右，引力僅有地球的 38%。水星的影響範圍太小，探測器和星際物質極難被它的引力捕獲，在其附近做環繞運動。即便有物質被水星引力捕獲，也極容易受到強大的太陽引力作用，運行軌道並不穩定。因而，水星幾乎不可能擁有天然衛星，也很難有星際物質被它「俘獲」而成為衛星。

1973 年 11 月 3 日，美國的「水手 10 號」探測器從地球出發，它的使命是探測水星。由於受水星探測難度和探測器本身能力的限制，它僅能在水星附近飛掠而過，「遠觀」一下而已。不可思議的是，這個任務取得了巨大成功。1974 年 3 月 29 日，

（圖源：NASA）

水手 10 號構想圖

水手 10 號距離水星最近僅有 700 公里左右；1975 年 3 月 16 日，它再次飛掠而過，距離水星最近時，二者僅相距 300 公里左右。

在有限的觀察時間內，探測器利用相機拍下了約 2,800 張水星照片，所拍面積佔水星表面積的 40%。這是人類第一次看清楚水星表面。遺憾的是，那裏看起來如同沙漠。水手 10 號利用熱輻射儀研究了水星表面陽面和陰面的巨大溫差；研究證明，水星周身磁場強度很弱，大氣層極其稀薄，基本屬於不毛之地。

後來，科學家發現，探測器可以不斷藉助金星、地球和水星的引力改變飛行速度和方向，最終達到環繞水星的目的。這樣的代價是環繞水星進行探測普遍要耗時數年，而這已經是人類目前能想到和做到的極致。這種技術相當於彈床運動員為達到某個高度不斷蓄勢，類似引力助推系統。在完成任務的過程中，水手 10 號探測器首次驗證了這種技術。水手 10 號在成功飛掠金星後又探測水星，完成了人類首個一次探測兩顆行星的任務。這一成功奠定了後續航天活動中更複雜的「引力彈弓」的技術基礎，為最終環繞水星做了準備。

水星的探測難度不止於此。水星的位置特殊，探測器即使到了水星附近，也要面臨太陽的巨大熱量和高能輻射的干擾，這對探測器設計要求極高。在人類歷史上，僅有「信使號」完成了環繞水星的使命，它的名字也符合水星的稱號——「墨丘利」。信使號發射於 2004 年，2011 年才抵達水星，其間不斷

藉助行星引力助推技術調整軌道，最終實現環繞水星的目的。

　　信使號在水星軌道工作了 4 年，做了大量有價值的工作。它繪製了非常詳細的水星全球地圖和高程圖，甚至從水星表面地貌反推出水星曾經發生過的地質運動，如火山噴發。信使號還研究了水星的磁場變化和大氣演變，不過和地球比起來，其磁場和大氣可以忽略不計。讓人驚喜的是，信使號在探測過程中發現水星極其稀薄的大氣中竟然有一定量的水蒸氣，而在其北極附近的撞擊坑中，還有有機化合物和水冰存在的痕跡，不過距離發現生命還很遙遠。信使號在 2015 年任務結束後就撞向水星表面，永遠停留在那裏。這個偉大的人類使者的壯舉極大地激勵了後續航天活動的開展。

信使號構想圖　　　　　　　　　　　　　　　　　　　　圖源：NASA

2018 年 10 月 20 日，歐洲航天局和日本共同研發的貝皮・科隆博號水星探測器成功發射。這個名字來源於意大利著名科學家朱塞佩・科隆博（Giuseppe Colombo）。科隆博最早提出了從金星借力的引力助推方案，用來探測水星，這個方法可以降低探測器自主變軌的難度。貝皮・科隆博號大約需要花費 7 年時間抵達水星，在漫長的 7 年中，它會飛掠地球 1 次、飛掠金星 2 次、飛掠水星 6 次，需要逐漸調整軌道才有可能在 2025 年抵達水星這個看似不遠的鄰居。那時，它的設計壽命僅剩下 2 年左右時間，探測水星的難度由此可想而知。

（圖源：NASA）

貝皮・科隆博號構想圖

在抵達水星過程中，探測器將會一分為二，變成兩個探測器。其中一個探測器的工作重點是觀測水星的地形和地質情況，甚至研究地表淺層。這將幫助科學家了解水星的歷史，甚至可以發現太陽和它共同演化的過程。據科學家推測，水星保留了太陽乃至太陽系早期演化的痕跡。另一個探測器的工作是研究水星極其微弱的磁場和受太陽風影響產生的磁層。水星磁場的產生機制和演化規律，也是人類尚未完全解開的謎題。

總體看來，探測水星對人類了解過去很有幫助，但對人類

渴望的星際移民而言，幾乎毫無「價值」。

金星：愛神偽裝的太陽系煉獄

金星很亮，甚至白天都可以用肉眼觀察到，它在東西方文化裏被人們寄予了美好的希望。在中國古代，金星被稱為啟明星、太白星；西方則用象徵愛與美麗的女神維納斯（Venus）的名字來為它命名。在 20 世紀早期的科幻小説裏，凡是關於星際移民的題材，多半把金星當成目的地。

從表面看來，金星的確非常可能有生命存在。它處於太陽系的宜居帶上：這裏距離太陽不遠不近，有足夠的太陽輻射能

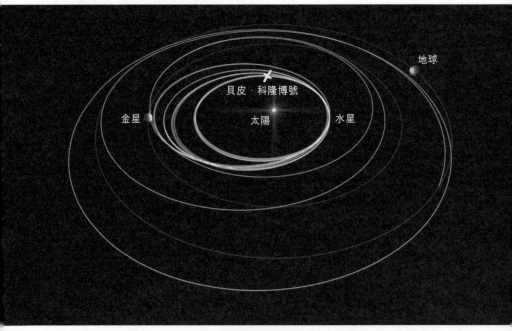

（圖源：ESA/ATG medialab 編輯：毛新愿）

貝皮·科隆博號在 7 年內要經過複雜的路徑抵達水星

量；溫度不高不低，可能存在液態水；能夠保存大氣，擁有足夠的物質元素，有孕育生命的可能。太陽系的宜居帶只有金星、地球和火星三顆行星，而金星軌道距離地球更近。此外，金星體積（地球的 87%）、質量（地球的 82%）、表面積（地球的 90%）都與地球相近，重力加速度也與地球十分接近（地球的 90%）。以地球的情況為參考，這個體量的金星不至於出現內核快速冷卻而導致能量消失的狀況，應該能夠維持足夠強的磁場。而且，它也是一個岩石質地的行星，擁有大氣，看起來資源是夠的。

在掌握航天技術後，人類迅速將金星作為探測目標。1962年，美國的水手 2 號探測器成功飛掠金星，成為人類首個成功飛出地月系統的「行星際使者」。1974 年 2 月，水手 10 號飛掠金星，確認了水手 2 號的科研成果：金星有極其濃密的大氣層，表面溫度極高。

20 世紀中期，蘇聯在航天探索領域處於領先地位：人類歷史上第一枚航天運載火箭（1957）、第一顆衛星（1957）、第一個月球探測器（1959）、第一位宇航員（1961）。在美國成功飛掠金星後，蘇聯也把目光投向了金星。蘇聯最著名的「金星計劃」，共計發射了 27 個探測器，加上後來的兩個「維加」任務，總共 29 個探測器！其中有 10 個探測器成功着陸（或部份成功），成果非凡。

然而，10 個成功着陸的探測器，最短的僅僅工作了 23 分鐘（金星 7 號），最長的只倖存了 127 分鐘（金星 13 號）。這是因為金星的生存環境可能比水星還要惡劣。

第一，金星大氣 96% 以上是二氧化碳，剩下主要是氮氣。二氧化碳在地球空氣中僅佔 0.04%，卻造成了令全人類恐慌的

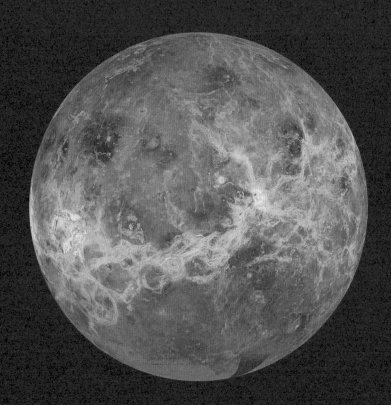

麥哲倫號記錄的金星

溫室效應。二氧化碳在金星上竟然高達 96%，這導致金星表面平均溫度在攝氏 460 度以上。這個溫度甚至超過水星向陽面的溫度。而金星的大氣保溫效果很好，到處都是這樣的溫度。有人開玩笑説，在金星表面任何一個地方，任何生命和燒烤之間只差一點孜然粉，甚至孜然粉也會被燒焦。

第二，金星表面的大氣壓是地球大氣壓的 92 倍，達到 70 米汞柱。這大概相當於一個人身上背着（假設人的雙腳面積為 500 平方厘米）一個近 50 噸重的東西產生的壓強，相當於一

（圖源：Stanislav Kozlovskiy）

1970 年 12 月 15 日，金星 7 號的着陸器部份降落在金星表面，是人造物體首次在其他行星「着陸」。從圖中可以看出，着陸器的設計突出了耐高溫和耐高壓性能。

個人背着一輛中型坦克，或者等同於大洋 900 多米深處的強大水壓，即使潛艇都無法承受。適應地球氣壓的人體結構不可能有足夠的內部壓力與之抗衡，沒有保護的人在金星上，第一時間就會變成肉餅。稠密的大氣甚至可能減緩金星自轉速度，在金星上出現神奇的「度日如年」現象。金星自轉一圈的時間為 243 天，是所有行星中最慢的，甚至長於金星公轉一圈的時間。它的自轉方向也非常另類，如果在金星上看太陽，是西升東落，不同於在地球上太陽東升西落的現象。

第三，金星的體積和質量較大，這說明其內部能量充足，地質活動依然很活躍。地質活動過度活躍導致經常有火山爆發。由於缺乏有效的元素循環，讓不同元素重新回歸地面和地下，

（圖源：NASA）

根據麥哲倫號搜集的數據繪製出的馬特山（Maat Mons），這是巨大的火山和恐怖的末日場景。

金星空氣中滯留了大量火山噴發帶來的硫化物。稀硫酸煙霧構成了厚厚的金星雲層，風力強勁，即使下雨也是硫酸雨，這對人類來說就是噩夢。

第四，金星上稠密的大氣阻擋了幾乎全部的陽光，使其根本無法抵達地面。金星內部一片昏暗，跟地球夜晚相當，只能偶爾看到硫酸雲裏的閃電雷暴和火山爆發的光亮。

第五，金星磁場也很弱，沒有一個能夠完整覆蓋全球的磁場。對此，科學家至今沒有給出完善的理論解釋，但確定這個磁場很難保護生命。金星還有諸多煉獄般的場景，大大不同於人類想像。

無論從哪個方面來說，金星都沒有開發價值，蘇聯折戟於此，美國也在發射了幾個探測器後基本放棄。金星看起來像愛神維納斯一樣美麗，實際上卻比女妖美杜莎還要可怕。

相對而言，火星的條件就好多了，它是人類踏出地月系統唯一的選擇。人類寄希望於火星成為地球之外的另一個人類家園。

當熒惑遇到戰神

我們終於迎來了本書的主角——火星。在介紹火星之前，需要大致鋪墊下背景，方便大家在後續閱讀中更好地理解為甚麼古人形容火星的邏輯會非常一致。

仰望星空時，人類能夠觀察到的絕大部份星星是恒星。從前人定義恒星的角度而言，排除地球自轉影響，人們認為恒星「恒定」，即這些星星都待在一個固定的位置上。前人得出這樣的觀察結果，是因為恒星距離地球乃至太陽系太遙遠。例如，

即使距離太陽最近的恒星「比鄰星」，它與地球之間的距離也達到了 4.2 光年。這個距離約為 40 萬億公里，遠大於地球圍繞太陽運轉的半徑——1.5 億公里，這兩個距離相差很大。人類每天在固定時間從地球上觀察，恒星的位置就幾乎沒有任何變化。普通人看到天上的星星在運動，是地球圍繞地軸自轉造成的，是觀測者自己在動，而不是星星在動。對於那些更遠的恒星而言，從地球上看，它們更像是固定在宇宙背景上的點。

相對而言，即使排除地球自轉的因素，行星也總是「行」在夜空，這也是「行星」得名的來由。行星本身並不像恒星一樣發光、發熱，只能靠反射恒星的光線才能為人類所見，因而只有距離地球很近的行星才能被人看見。在古人眼中，天空中好像只有六個物體在不斷運動：圍繞地球轉動，被稱作衛星的月球；太陽系內五個距離地球較近的行星——水星、金星、火星、木星和土星。天王星和海王星距離地球太遙遠，依靠天文望遠鏡、經過複雜的數學計算，才能被觀測到。

古希臘天文學家喜帕恰斯（Hipparkhos）提出了「視星等」概念，用來衡量人類觀測到的天體的亮度。發展到今天，視星等成為一個區間為 [-38,36] 的星體亮度評價體系。視星等數字越大，代表星體看起來越暗，反之則看起來越亮。例如，在地球上看到的太陽亮度可以達到 -26.7 視星等，亮到人類肉眼無法直視；而人類肉眼可見的最暗極限在 +6 左右，再暗就完全看不到了。行星和衛星距離地球越近、體積越大、表面反射越強，當然也就越亮。距離地球最近的月球並不大，看起來卻很大、很亮，正是因為它與地球的距離近，是地球的「小跟班」。另外五顆行星的目視效果則完全不同。

（圖源：Pixabay）

我們在夜空中看到的大部份星星是恒星。從星軌來看，它們好像在運動，
但實際主要是由地球自轉造成的視覺印象。

- 金星是距離地球最近的行星（從運行軌道來看），體積
  和質量與地球相當，是看起來最亮的行星。金星視星等
  區間在〔-4.9，-3.8〕，白天都容易用肉眼看到。

- 木星距離地球很遠，是太陽系內體積和質量最大的行
  星。其體積相當於 1,300 多個地球，是人類眼中太陽系
  內亮度排名第二的行星，視星等區間在〔-3.0，-1.6〕。

- 水星是太陽系內最小的行星，比月球略大。水星距離太
  陽最近，經常被淹沒在太陽的光輝中，只有在早上或黃
  昏可以被觀測到。水星看上去也比較暗，亮度變化極大，
  視星等區間在〔-2.3，6.0〕。

- 火星是地球軌道外側的第一顆行星，它的體積僅為地球

的 15%，接收到的陽光強度也低於地球（僅 44% 左右）。因為距離地球近，火星很容易被人看到。可是，由於軌道特點，火星視星等區間變化頗大，達到〔-2.9，1.8〕。關於這一點，後文將會詳細介紹。

- 土星的體積和質量巨大，體積相當於 700 多個地球。它是太陽系內第二大行星，但距離地球非常遙遠，視星等區間在〔-0.3，1.2〕。

總之，火星是一個肉眼可見，亮度會發生變化的行星。自古以來，因文化差異，東西方對於這顆行星的認識截然不同。

東方視角——熒惑

中國古代天文學發達，幾乎歷朝歷代都有觀星台（天文台），也有專門官員負責。人們把天空中穩定的恒星劃分為三垣、四象和二十八宿。由於恒星總是在固定時間出現在固定位置，五顆會活動的行星則成為古人最為重要的觀測目標。「五行」是中國古代道教哲學的一種系統觀，先秦《尚書》中已經有了五行的說法。「五行說」曾被廣泛地用於對自然、社會和生活中的各種問題進行闡釋，如占卜、醫藥和政治變動。在對這五顆行星命名方面，古人自然沿用了五行理論。

也許有人說，「五行」和五大行星根本扯不上一點聯繫。有意思的是，如果從國際通用的五大行星「證件照」來看，五行的說法還是能夠和五顆行星「建立」起一些微妙關係的。金星最亮，顏色略微呈金黃色（硫酸雲）。水星觀測起來發暗，發黑。木星較暗，木星大氣呈現青木色。土星濃密的大氣呈現土黃色和土黑色。火星幾乎一直可見，但視星等變化大，令人

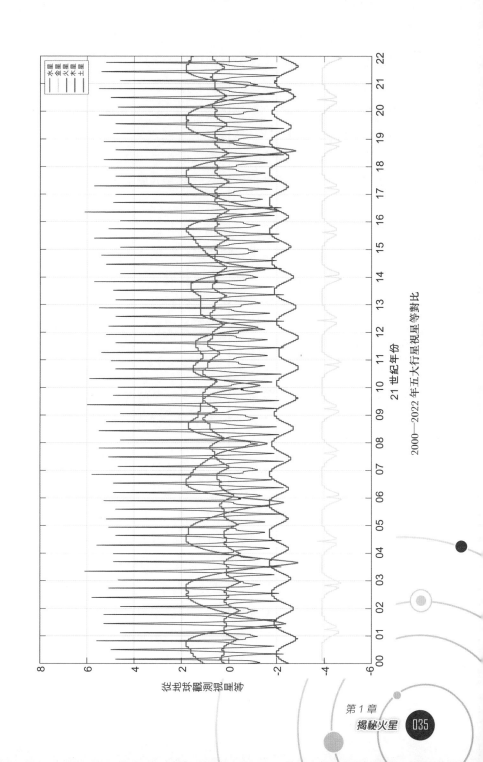

2000—2022 年五大行星視星等對比

捉摸不定。由於表面存在大量氧化鐵，火星呈現橙紅色，看起來「熒熒如火」，所以在古代也被叫作「熒惑」。這五顆行星的顏色正好和五行中金、木、水、火、土五種對應物質相應的「顏色吻合」。不過，我必須鄭重說明，這僅是一種形象說法而已，幫助大家對五大行星的外觀有大體認識。我們還是把「五行」當作一種先人傳下來的文化，沒有必要深入研究，現代科學才是解釋宇宙的唯一途徑。

我們回歸正題。火星之所以讓人感覺詭異，被命名為「熒惑」，是因為它有一個很重要的特點：在地球上觀測，它的運動軌跡非常奇怪，有時往前走，有時往後退。所以，火星的位置、亮度、顏色呈現出令人捉摸不定的特點。在中國古代，火星被當作戰爭、水患、瘟疫、地震等各種災難的象徵，被視為不祥之物。

其實，火星的軌跡變化是由它與地球的軌道週期和軌道位置決定的。火星距離太陽平均約 1.5 天文單位（地球距離太陽為 1 天文單位），每 687 天繞太陽一圈。從地球上看，地球與火星的會合週期大約 780 天，大概是地球一年時長的 2.14 倍，或相當於 2 年 2 個月。會合週期，意為每隔段時間，地球就會和火星在太陽系內「相遇」。所謂「相遇」，其實只是在地球上看起來火星出現在太陽系內同一相對方向而已。二者「相遇」後，由於地球的運動速度（更靠近太陽一些）要快於火星，火星在人的眼中就會從地球前面變到後面，出現神奇的先「順行」再「逆行」現象，這一過程會持續幾個月。

兩顆行星的軌道週期和會合週期並非恰好是整數倍關係，這種逆行現象的轉捩點每次都會發生在不同月份，也就對應在不同的黃道星座內，例如 2014 年發生在室女座（處女座）內，

2016 年則到了天蠍座（人馬座）與天秤座之間。有意思的是，中國古人用一種特別的方式關注出現在天蠍座心宿二（阿爾法星 Alpha Centauri）附近的火星逆行現象，給這種現象起了一個特殊的名字，叫作「熒惑守心」。

所謂熒惑守心，就是指火星順行與逆行的轉捩點（被稱作「留」）在天蠍座的心宿二附近。心宿二是銀河系內一顆超大的紅巨星，是天蠍座最亮的一顆星。它呈現血紅色，也是夜空中較亮的星之一。在中國古人的意識中，心宿二和附近的心宿一、心宿三分別代表皇帝、太子和庶子。因此，每次發生象徵災難的火星在它們之間「留」的情況，就被認為是皇室面臨重大威脅，被視為不祥之兆。

真正的熒惑守心大約每 80 年發生一次，此時火星的逆行軌跡位於心宿二附近。這僅是普通天象，在中國古代卻往往會引

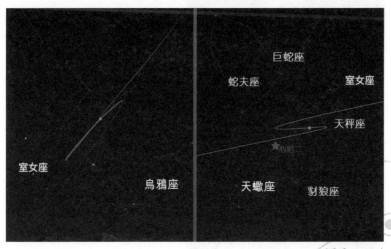

（圖源：NASA）

美國航空航天局的帕薩迪納觀測中心在 2014 年（左）和 2016 年（右）觀測到兩次火星「逆行」現象。

發政治變動。熒惑守心成為政治鬥爭者攻擊對手的理由。西漢丞相翟方進就是以熒惑守心為由被皇帝賜死的。但是，中國歷史上「記錄」的一些熒惑守心現象，並不能與現代研究結果對應，真實性存疑。

所以，在東方文化裏，火星是一種不祥的象徵，這源自其軌跡變化多端和難以預測的特點。

西方視角──戰神

在人類悠久的歷史上，西方人看到的火星與中國人看到的火星並沒有甚麼本質上的區別：顏色略微橙紅，運動軌跡捉摸不定，時亮時暗，難以預測。東西方歷史總是非常相似，在古老的埃及文明和兩河流域文明中，火星都被賦予死亡、戰爭與災難的象徵意義，被叫作「血紅之星」、「死亡之星」、「瘟疫之星」等，影響了後來的古希臘和古羅馬文明。希臘人用戰神阿瑞斯（Ares）來命名這顆星球，認為它帶來了戰爭、瘟疫與死亡。後人發現的火星的兩顆衛星也因而沿用了阿瑞斯兩個孩子的名字──福波斯

（圖源：Jean-Pol GRANDMONT）

戰神馬爾斯雕像

（Phobos）和德莫斯（Deimos）。

後來的古羅馬也相應地用戰神馬爾斯（Mars）來命名火星，這是今天被廣泛使用的火星英語名稱。不過，羅馬神話對戰神的態度發生了變化。隨着羅馬帝國版圖的快速擴張，戰神從一個人們心目中原本象徵災難和戰爭的神變成了象徵勝利與輝煌的神，備受敬畏與尊崇。在神話故事中，戰神的兩個孩子羅馬路斯（Romulus）和雷穆斯（Remus）成了著名的被狼養大的孩子，他們在後來創建了羅馬帝國的首都羅馬。「羅馬」一詞就來自羅馬路斯的名字，他在政治鬥爭中殺死了弟弟雷穆斯。有意思的是，火星的名字在歷史上被換成了他們父親的名字，而近代天文學家在為火星兩顆衛星命名時卻沒有用他們的名字，而是用了阿瑞斯孩子的名字。

英語中用來表示星期二（Tuesday）的詞彙也與馬爾斯有關。在拉丁語系裏，原本星期二就是為了紀念羅馬戰神馬爾斯，叫作 dies Martis，僅次於太陽神日（Sunday，週日）和月亮女神日（Monday，週一）。在後來的語言演化中，融合多民族語言的英語把這個戰神替換為來自北歐神話的戰神提爾（Tiw）。戰神對西方文化的影響力由此可見一斑，也可以由此看出火星在西方人心目中的重要性。

事實上，觀測火星對西方天文學的發展起到了重要作用，其中具有劃時代意義並影響深遠的，便是為地心說（又叫天動說）向日心說轉變提供了有力證據。在漫長的人類歷史中，根據日常生活經驗，太陽、月亮和其他宇宙星辰都彷彿在圍繞地球運動一般，地心說因此自然而生。地心說的核心人物是公元前 3 世紀大名鼎鼎的古希臘哲學家亞里士多德和公元 2 世紀的古埃及天文學家克勞狄烏斯·托勒密（Claudius Ptolemaeus）。地

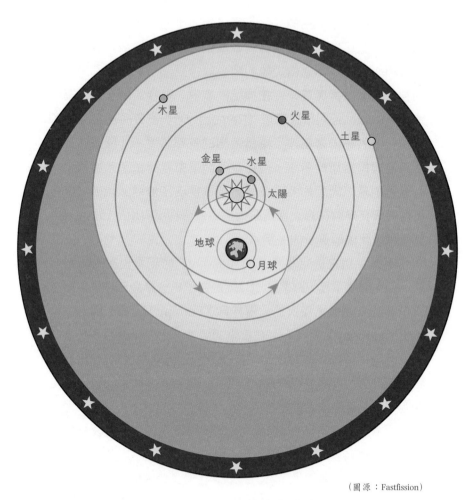

（圖源：Fastfission）

　　16 世紀，著名天文學家第谷・布拉赫提出一個不同於日心說和地心說的
「第谷體系」：地球在宇宙中心，月球和恒星圍繞地球轉，五大行星圍繞太陽轉。

心説符合當時人們的認知水平。隨着研究深入，天文學家們發現很多現象難以通過簡單的萬物圍繞地球做圓周運動來解釋。其中一個重要現象便是外圍行星，尤其是火星運動的逆行現象。天文學家們又創造了所謂本輪和均輪的概念，不斷對這套理論「修修補補」。

不少天文學家嘗試用更成熟的理論來解釋天體運行，其中最重要的人物便是波蘭天文學家尼古拉斯·哥白尼。哥白尼在1543年去世前發表了在天文學史上影響深遠的《天體運行論》，首次系統闡述了日心説。用哥白尼的日心説理論，無論太陽、月亮和地球之間的相互運動，還是火星逆行、土星逆行現象都可以得到合理解釋。到了17世紀初，哥白尼的後繼者伽利略·伽利萊對天文望遠鏡的改進和由此對木星四顆衛星（又稱「伽利略衛星」）的發現，證明地球根本不是宇宙中心：至少那幾顆「伽利略衛星」確實在圍繞木星運動；木星並未圍繞地球，而是圍繞太陽運動。所以，太陽才是宇宙的中心。後續一系列發現徹底築實了日心説的實驗觀測基礎，成為普通人的基本認知。不過，在現代天文學看來，人類遠沒有能力解答宇宙中心到底在哪裏的問題，因為宇宙實在太大了。

可以説，在西方文化中，火星完成了從邪惡到偉大的轉變，它的「逆行」現象引導天文學向正確的方向發展。

關於火星的基本事實

無論何種幻想或理論，都需要人類進行觀察和驗證。火星的真實情況到底是甚麼，是否如同金星一般讓人類一度充滿幻

想，後來卻失望至極呢？這裏為大家介紹一下早期的科學家怎樣獲得火星的基本信息。

火星一年有多久？

在萬有引力作用下，任何物體圍繞其他物體運動時，距離越近運動速度就越快，運動週期就越短。人造地球衛星便是一個典型例子。中國的天宮實驗室和神舟飛船飛到距離地球表面僅 400 公里遠的地方，運動速度便達到了約 7.7 公里 / 秒。我們要知道這個速度是海平面聲速的 22 倍之多，比世界上最快的狙擊步槍子彈射出的速度還要快上 6 倍。它們繞地球飛行一圈只需要 92 分鐘左右。而距離地球表面 35,786 公里遠的地球靜止軌道上的北斗導航衛星的速度僅 3.1 公里 / 秒，連前者一半都不到，圍繞地球飛行一圈的時間長達 24 小時，恰好與地球自轉一次的時長一致。當然，這也是它被叫作地球靜止軌道衛星的原因。因為在任何時刻在地面觀察，它都彷彿被固定在天上一樣，和地球同步運動。

同理，太陽系的行星也是如此。距離太陽最近、飛得最快的肯定是水星（47.9 公里 / 秒），從太陽處觀看的軌道週期只有大約 88 天；最慢的肯定就是最遠的海王星（5.4 公里 / 秒），它圍繞太陽一圈至少需要 60,327 天，大約 165 年。地球和火星就介於它們中間，相比地球每秒「飛行」約 29.8 公里，大約 365 天就圍繞太陽轉一圈的速度，火星的飛行速度僅 24.1 公里 / 秒，需要每隔 687 天才能繞太陽一圈。這個天數叫作「軌道週期」，是行星各自的「一年」。

前文講過，在運動的地球上進行觀察，其他行星的運行情況會有所不同。火星需要約 780 天圍繞太陽運行一圈，這個時

間叫作「會合週期」，這個差距是因為地球和火星同時運動造成的。每隔 780 天，地球圍繞太陽運動 2 周又 49 度，而火星圍繞太陽運動 1 周又 49 度。因此，從地球上看，火星重複出現在同一點和同一方向上，實現「會合」。這個會合週期對於探測火星極有意義，畢竟人類的火星探測器的出發點和目的地分別是地球和火星，在地球和火星距離最近之前幾個月的窗口期發射對於探測會更加有利。

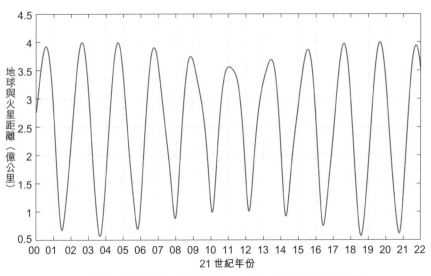

地球和火星之間的距離每隔約 780 天（26 個月左右）會很接近

同樣的道理，海王星每 165 年才繞太陽一圈，但它與地球的會合週期卻很短，僅有 367.5 天。其中道理很容易理解：在這麼長的時間裏，地球轉了 1 圈又 2.5 度，而海王星僅轉了 2.5 度。從地球上看，海王星好像再次出現在同一方向。

火星一年四季怎麼樣？

根據開普勒定律，任何行星的運動軌道都是一個橢圓。當一個橢圓的偏心率為 0 時，它就變成了人們最熟悉的圓。太陽系內大部份行星運動軌跡的偏心率都很小，因而看起來好像都是圓形軌道。當行星距離太陽較近時，能夠接收到更多能量，自然更熱，而距離太陽更遠時就會更冷。在有大氣溫室效應的情況下，這種現象不會很明顯。例如，不管是否照到太陽，金星全年溫度幾乎一樣，這是由於高壓、稠密的大氣層具有保溫功能。

火星的情況大不相同，它的大氣層保溫作用可以忽略不計，溫度高低基本取決於距離太陽的遠近。火星的運行軌道也比較特殊，橢圓偏心率接近 0.1（相比而言，地球軌道僅有 0.017），這使它距離太陽最遠時達到 2.5 億公里，而最近時僅為 2.1 億公里。同樣，根據開普勒定律，距離恒星越遠時，行星運動速度就越慢，耗時越長，火星的季節長度因此並不一致。

火星的自轉軸傾角為 25.2 度，與地球 23.5 度的地軸傾角非常接近，所以火星北半球和南半球氣候條件也是完全相反的。當火星位於遠日點時，太陽直射在北半球，北半球進入夏季，時間很長；而當火星位於近日點時，太陽直射在南半球，北半球進入冬季，時間很短。因此，火星北半球的夏季要比冬季長幾十天，那裏距離太陽略遠而較冷。南半球進入夏季時，火星距離太陽更近，所以南半球的夏季偏熱，太陽直射點附近可以達到人類能夠適應的攝氏 35 度。火星南半球的夏季很短，冬天則很冷、很長。這種變化長期積累下來，導致火星南北極情況也很不同，兩者有乾冰和水冰組成的極冠，但北極冰冠的乾冰在夏季幾乎會蒸發殆盡。

所以，如果要選擇在火星度假的話，北半球的夏季氣候更加溫和，與四季如春的昆明相似。但是，這只是人類的一廂情願。火星大氣稀薄，幾乎沒有保溫作用。沒有日照，火星表面溫度會急劇下降，遠遠超過沙漠地帶一天之內從攝氏50度到零下的變化。火星夜晚氣溫攝氏零下100度都是正常的。在這種情況下，人類在沒有宇航服和基地的保護下完全無法生存。所以，我們暫時不要考慮度假的事情。

火星一天有多長？

行星自轉一圈就是一天。由於形成條件和環境（如小行星撞擊和衛星影響）的差異，不同的行星自轉速度會有所不同。地球自轉一圈是23小時56分4秒，這是真實的自轉時間。不過，如果你不怕熱，站在太陽上持續觀察地球自轉的時間，一年平均下來就是每天24小時，這也是人類定義一天的標準，叫作「平太陽時」。火星自轉一圈的平太陽時恰好與地球比較接近，僅比地球多39分鐘。那些恨自己每天時間不夠用的人，去火星就可以每天「多」出39分鐘。

行星一天的時長由多種因素決定，科學家現在也沒有弄明白到底發生了甚麼事情，導致不同行星一天的時長不同，因而只能進行個例分析。例如，很小的水星一天時長相當於地球上的58.6天。金星則更加極端，一天時長相當於地球上的243天，甚至比圍繞太陽公轉一圈的225天還要長。而且，金星是逆向自轉，太陽在金星上是西升東落（實際被稠密大氣完全擋住，看不到），白天和黑夜超過半年（金星年）。相較而言，處於太陽系外圍的氣態行星反而自轉速度更快。例如，天王星需要17.2小時，海王星需要16.1小時，土星僅需要10.6小時，而

木星只需要 9.9 小時就度過一天。度日如年的朋友可以到這些氣態行星上體驗一下時光飛逝的感覺。

不過還要介紹一個情況，相信你也猜到了，巨大的氣態行星旋轉速度如此之快，上面肯定有在地球上完全無法想像的風暴。例如，著名的在木星上已經存在了至少 354 年（1665 年首次觀測記錄）的大紅斑就是風暴，在這個風暴裏可以塞下 2 — 3 個地球，裏面的風速達到了 120 米 / 秒。而地球上 12 級風速也僅為 32.7 — 36.9 米 / 秒。木星大氣密度和氣壓都與地球完全沒有可比性，而且有極強的磁場和輻射，在這種環境下是不可能有任何類似地球生命的物種生存的。其他三個氣態行星的條件也沒有好到哪裏去。如果人類還想征服那些極寒、偏遠的世界，還是等征服火星之後再説吧。

火星有多遠，有多重？

關於如何計算行星與地球的距離，一直是科學家面對的重大問題，畢竟不可能用一把大尺子來量。這個問題的解決方案之一就是大名鼎鼎的萬有引力定律。對於有衛星的行星或者有行星的恒星來説，可以通過這種途徑進行計算。這是因為，在環繞運動的過程中，萬有引力起到了向心力的作用。

$$\frac{GMm}{R^2} = m \left(\frac{2\pi}{T}\right)^2 R$$

$$M = \frac{4\pi^2 R^3}{GT^2}$$

在上面的公式中，G 是萬有引力常數，π 是圓周率，它們都是常數（固定值）；衛星或行星的質量 m 可以通過公式化簡約去。例如，為測量太陽的質量 M，可以地球作為參照物。已

地球與木星大紅斑對比。
大紅斑近年有緩慢萎縮的趨勢。

（圖源：NASA）

知地球和太陽之間的距離 R（可通過金星凌日天象計算，本書不多做介紹）和地球的運動週期 T（1 年），通過計算就可得到太陽的質量。在已知太陽的質量後，人類只要觀察到火星圍繞太陽的週期就可以計算出它距離太陽有多遠，也就知道火星離地球有多遠。

同理，測量出衛星圍繞行星運動的週期 T 和衛星與行星之間的距離 R，就可以推算出行星的質量。火星有兩個衛星，火衛一（距離火星 9,400 公里，週期 7.7 小時）和火衛二（距離火星 23,460 公里，週期 30.3 小時），用兩組計算結果互相校正，就能比較準確地算出火星的質量。火星質量是一個天文數字，重約 6.4×10^{23} 公斤，但比起地球還是小了不少，僅僅是地球質量的 10.7%。火星是太陽系裏僅比水星重一點的行星，是個小不點。

火星有多大？

將一顆乒乓球放在眼前，它幾乎能把眼睛完全擋住，此時觀測角接近 180 度。將乒乓球放在幾米遠，它就是一個小點，觀測角只有一兩度而已。如果能精確算出乒乓球距離人眼有多

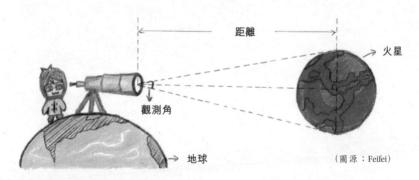

（圖源：Feifei）

在已知距離和觀測角的情況下，可通過簡單的三角幾何關係計算目標直徑。

遠，人眼的觀測角是多少度，就可以推算出它的尺寸。

　　人類測定火星大小也是這個道理。不過，此時不能依靠肉眼觀測，需要使用專業望遠鏡。如同前文介紹的測量火星和地球距離的方法，科學家可以從望遠鏡得出觀測角大小，然後反推出火星直徑。

　　用這種方式，人類發現火星半徑只有 3,400 公里左右，大約是地球的一半。火星體積也很小，僅有地球的 15%。如果地球是一個網球，火星就大概跟乒乓球差不多，太陽系內最大的行星木星就像一個碩大的瑜伽球，而太陽就像一個超級熱氣球！

火星有沒有磁場？

　　如果把地球看作一顆雞蛋，人類就是生活在蛋殼上的微小生物，這層蛋殼就是地球所有生命接觸的地殼。地殼僅僅 5 － 70 公里厚，最多有地球半徑的 1% 左右，和雞蛋殼相比，太「薄」了。更可悲的是，人類賴以生存的區域比地殼還要薄很多，僅是薄薄一層土壤和海洋而已；即使是高原地區，其厚度也不超過 10 公里。

　　在地殼之下，就是地幔和地核，直達地心。按照主流學說，地核由外向內分成外核和內核。外核最重要，這裏是超高壓、高溫環境，幾乎所有物質都處於熔融狀態。重元素（如鐵和鎳）逐漸沉積到外核，其溫度高達攝氏 4,000 － 6,000 度，還在不斷緩慢流動。這部份處於熔融狀態的外核被稱為地球的「發電機」。地球內部的能量並不是直接來自太陽，而是來自地球形成之初殘留的熱量、早期的隕石劇烈撞擊帶來的能量和具有超長半衰期的放射性元素（如鈾 -238、釷 -232）等，它們共同構成「地暖」系統。

地核內的鐵、鎳等金屬在高溫下緩慢流動，為地球上的生命帶來了一種寶貴的財富——磁場。地球如同一個巨大的磁鐵，地磁南極和地磁北極之間形成了一個巨大的網絡，將地球包羅其中。這個網絡實在太大了，可以有效保護地球周邊數萬公里的範圍。雖然地球磁場強度很弱，連日常生活中一個普通磁鐵的強度都不如，但已經足以屏蔽大部份太陽風和各種宇宙高能射線。對地球生物來說致命的輻射，有一部份被地球磁場束縛並引導到磁極，電離高層大氣分子，激發出了絢爛無比的極光。

所有高溫物體都有冷卻的一天，行星內部也不例外。在這個過程中，散熱快的星體更容易失去「發電機」和磁場，從而失去對大氣和生命的庇護。生活經驗告訴我們，體積越大、質量越大的東西保溫效果越好。例如：在同一個鍋裏煮熟鵪鶉蛋和雞蛋，把它們放入涼水。在一定時間內，鵪鶉蛋可以直接吃了，而雞蛋還可能燙嘴。因為自然選擇和對環境的適應，北方的熊（北極熊）和老虎（東北虎）比南方類似動物體積和重量更大。

因此，對行星而言，體積過小有一個致命缺點——散熱過快。火星表面積有地球的 28%，體積僅有地球的 15%，表面積與體積之比相差更大，可見它的散熱效率很高。想必大家知道我要表達的意思了：火星「發電機」幾乎停止工作，火星只有極度微弱且分佈不均勻的磁場，無法包羅整個星球，保護自身也就無從談起了。

火星有沒有大氣？

行星自然形成的大氣中有各種分子，它們能夠吸收太陽風和宇宙射線的能量，從而獲得一定動能。分子量越小，分子運

(圖源：NASA)

地球磁場庇護所有的生命

動速度就越快，更容易超出行星引力環境下的「逃逸」速度，最終擺脫行星引力，消失在宇宙中。在磁場作用下，高能射線大部份被屏蔽，雖然低分子量、較輕的氫氣和氦氣等容易流失（正如地球大氣一樣），但以中高分子量氣體為主的大氣（氮氣、氧氣、二氧化碳等）可以被穩定保留下來。然而，一旦磁場消失，大氣將更容易被具有強大能量的太陽風緩慢從星體剝離，絕大部份生命也會因為各種輻射而逐漸消失。金星是個特例，磁場很弱，非常乾燥。由地質運動（如火山噴發）帶來的氣體很充足，再加上自身引力強大，使氣體很難逃逸，二氧化碳無法進行碳循環，所以金星有稠密的以二氧化碳為主的大氣。

　　火星就沒有這麼幸運了。由於內核逐漸冷卻，這個小不點幾乎沒有磁場，自身引力很弱，沒有足夠的能力保有大氣。在億萬年歷程中，太陽風不斷剝離火星外層大氣，而這個過程是不可逆轉的。現在，在火星大氣中，分子量小的大氣分子幾乎全部被剝離，僅剩下極少的以二氧化碳為主的分子量較大的氣

（圖源：NASA）

體。總體看來，火星幾乎失去了所有的氧氣和氮氣。這兩者在
地球大氣中佔據近 99% 的比例，二氧化碳還不到 0.04%；而火
星大氣中二氧化碳佔據 95.3%，還有 2.7% 的氮氣，氧氣僅有
0.1%。地球上「微不足道」的二氧化碳已經導致了嚴重的溫室
效應，火星上應該更為糟糕。但是，火星大氣密度實在太低，
連地球的 1% 都不到，全球溫室效應幾乎可以忽略。因此，對
於失去大氣保溫效應的火星，日照區域和陰暗區域的溫差會巨
大無比。

　　與此同時，活躍的地質活動將地底的金屬和碳、硫、矽、
氫、氧、氮等重要元素以火山爆發等方式輸送至地面，實現元

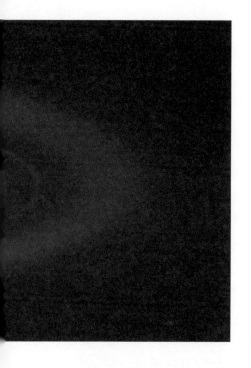

卡西尼號在 2013 年 7 月 19 日
拍下的土星環，就是由土星引
力撕碎周邊物質形成的壯觀景
象。

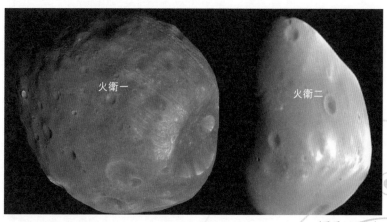

火衛一

火衛二

（圖源；NASA）

火衛一和火衛二的形狀很不規則，周身遍佈撞擊坑。

素循環利用，才有創造生命和維持生命的可能。火星一旦冷卻，缺乏地質活動，很多元素循環就會停止，陷入幾乎不可能再次孕育生命的惡性循環中。沒有生機，意味着火星大氣處於單向流失的過程中，已經不再可能得到補充。

火星有沒有衛星？

在太陽系裏，金星和水星最孤獨，沒有任何衛星陪伴。它們距離太陽太近，複雜的引力攝動環境使其極難保有衛星。其他行星都有自己的衛星，它們一起組成了一個大家庭，火星也不例外。火星有兩個「兒子」，即火衛一和火衛二，但它倆實在太渺小。火衛一的平均半徑只有 11 公里左右，而火衛二的平均半徑只有 6 公里左右，二者的引力不足以使其在形成時實現天體流體靜力平衡；或者説，它們無法保持穩定的球形。

月球距離地球 38 萬公里，受到太陽系內複雜引力攝動的影響，它在不斷遠離地球（雖然只有平均 3.8 厘米 / 年）。相較而言，火星的兩顆衛星距離火星僅僅 9,400 公里（火衛一）和 23,460 公里（火衛二）。它們的運動週期非常短，火衛一僅需 7 小時 39 分鐘便環繞火星一周，火衛二需要 30 小時 18 分鐘，遠遠短於月球繞地球一周的時長。火衛一和火衛二與火星的距離不同，運動週期不同，形狀都不規則，它們受到的火星潮汐引力和其他作用力大小也不同。從長遠來看，火衛一會慢慢靠近火星，而火衛二的軌道距離火星更遠，受太陽系內其他星體攝動力的影響更大，有逐漸遠離火星的趨勢，甚至最終可能逃離火星。

天文學上有個概念，叫作「洛希極限」。當衛星靠近行星或行星靠近恒星達到距離的極限時，受到的潮汐引力會使其無

由於潮汐鎖定的結果，人類只能看到月球一面。

法維持原狀，因而解體。這跟兩個天體的密度差和引力大小等有關。例如，地球對月球的洛希極限（岩質剛體）大約為 9,500 公里，所幸月球距離地球遠超這個長度，根本不可能解體。火星與兩顆衛星的洛希極限大約為 5,470 公里。按照現在的趨勢，火衛一在大約 760 萬年後將突破洛希極限而解體。

可以想像，解體後的衛星碎片並不會立即落向火星，它們會形成一個龐大的碎片環。這與土星數十萬公里寬的行星環有點類似。土星周邊的衛星含有大量岩石和水冰，不同物質的洛希極限並不相同，它們就在億萬年內被撕碎形成了風采各異的土星環，成為太陽系壯觀的景象之一。不過，很不幸，未來的火星環可能不會這麼美麗、壯觀，而只是一個「土環」。

除火星環外，還有一個有意思的現象要介紹一下。受行星影響較大的衛星還會有一個現象，叫作「潮汐鎖定」。當衛星圍繞行星運動時，它會被引力吸引而傾向於「被拉長」，而被拉長的部份也在參與衛星本身的自轉。如果衛星自轉比公轉慢，這個被拉長的部份就起到自轉加速器的作用；如果衛星自轉比公轉快，這個部份則起到自轉剎車片的作用。久而久之，就會形成獨特的衛星自轉時間和公轉時間完全相同的現象。

在這種情況下，如果衛星被潮汐鎖定，它自轉一圈的同時圍繞行星轉了一圈，這就導致在行星上永遠只能看到衛星的一面。這就好像小時候玩遊戲，你圍繞小朋友轉圈。你一直把拿着禮物的手放在背後，小朋友只能看到你的正面，看不到你背後的手。

最經典的例子就是月球。月球早在億萬年前已被潮汐鎖定，人類只能看到月球一面。由於月球的天平動現象（受月球軌道偏心率、月球自轉軸與繞地球軌道夾角影響），人類只能週期

性看到最多59%的月球表面，其他部份永遠無法從地球上看到，因而被叫作「月球背面」。2019 年 1 月 3 日，中國的嫦娥 4 號探測器和玉兔 2 號月球車在人類歷史上首次在月球背面着陸，它們的使命就是發現月球背後的秘密。

從理論上講，潮汐作用是相互的，比如月球也在逐漸拉長地球的自轉時間。但是，月球引力過小，這種影響微乎其微，每百年的影響積累下來才會導致地球上的一天延長 1.8 毫秒，對進化歷史很短的人類而言幾乎沒有影響。歷史上的月球對地球的演化起到了重要作用，它讓地球自轉時間延長到今天的約 24 小時，比起曾經可能以 8 － 10 小時為週期的瘋狂自轉好太多了！月球讓地球「冷靜下來」，在地表環境穩定下來後，地球才有了更理想的孕育生命的條件。

火星兩顆衛星，如同月球一樣，早就被潮汐鎖定。如果你住在火星上，考慮到火星自轉和火衛一的超快移動速度，在一天之內能看到兩次火衛一西升東落的奇異景象。火衛二的運動卻大不相同，它的軌道週期比火星自轉還長，從火星表面看來它是在「正常地」東升西落。無論何時，大家只能看到這兩顆衛星的正面，是不是會疑惑它們的背面到底有甚麼？

（圖源：NASA）

2013 年 8 月 20 日，好奇號火星車拍到的火衛一「凌日」現象。

火衛一和火衛二距離火星總體比較近，因此很容易看到它們從太陽前飛過。不過，兩顆衛星太小，從火星表面看來，它們無法完全遮擋住陽光。火衛一只是像黑壓壓的一片雲一樣迅速「飄過」，並不能引發日全食，只能出現以秒來計的凌日現象。火衛二距離火星更遠，體積更小，看起來像是太陽上飄過的一個小黑點。總有一天，火衛一會逐漸解體成一個大環，圍繞火星運動。但是，那一點也不好看，因為總有高空墜物時不時地砸向火星表面，如噩夢一般。而火衛二也將最終消失在人們的視線裏，滑入宇宙深處。

火星為甚麼是紅色的？

火星周身呈現橙紅色，甚至肉眼用望遠鏡就可以看出來。古人為此將火星作為不祥的象徵，如戰爭、瘟疫。早期的觀察者很難理解火星為甚麼會呈現出這個樣子。人類發射太空探測器後，才逐漸解開火星表面為甚麼呈現橙紅色的千古謎題：紅色的氧化鐵！鐵有可能是在古老的火星處於活躍的地質活動期時來到火星表面的。在漫長的時間裏，鐵與氧發生化學反應，形成氧化鐵；在火星地質運動不活躍的情況下，氧化鐵得以長期留在火星表面。

火星大氣非常稀薄，有日照和沒有日照的區域溫度和氣壓差距非常大，導致火星上的風速非常強，平均風速是地球的數倍。火星上沒有任何植物，以及廣闊的水源和濕潤的土壤，裸露的地表好比地球上杳無人煙的沙漠。在隕石衝擊和風蝕的長期影響下，火星上的沙土變得極為細密。在狂風甚至席捲全球的風暴作用下，紅色的氧化鐵飛遍全球，使火星看起來更是紅色的了。不過，火星上的空氣密度很低，大家不要認為火星風

暴的破壞力很可怕。電影《火星救援》描述風暴吹倒火箭，實際上不可能，只是劇情需要。這就好比水流速度跟風速沒得比，而洪水破壞力一般比狂風造成的危害要大得多。由於大氣密度有差距，火星風暴的破壞力比起地球上的風暴來，是小巫見大巫。

火星地形怎麼樣？

1997 年，「火星全球勘探者號」抵達火星。科學家利用它的激光測高儀探測數據，第一次繪製出了全面的火星地形圖。後續的火星軌道探測器進一步提高了火星地形圖的分辨率。通過地形圖，我們可以明顯看出火星北部是個地勢較低的巨大平原，不難想像那裏充滿水之後會是巨大的海洋。靠近火星赤道的有火星第一高山，也是太陽系第一高山的奧林匹斯山（Olympus Mons）和其他幾座高山；其東部綿長的「水手號峽谷」非常明顯，這也是太陽系最大的峽谷。火星南緯 40 度附近有巨大的「希臘盆地」，這可能是由億萬年前的巨大小行星撞擊形成的。相比北部的平整地形，火星南部散佈着各種撞擊坑，全是山區。火星兩極常年比較冷，有巨大的冰蓋。火星冰蓋是由水冰和乾冰組成的，與地球兩極截然不同。

從地形圖提供的數據可以看出，火星北部一定經歷了巨大的地質運動，如北半球蔓延的巨大岩漿。出現這種情況，而且基本局限於北半球，必然是由於外部力量。所以，有假說推測火星北半球曾遭遇類似冥王星或月球大小的小行星或矮行星撞擊，使火星北部的液態內核暴露出來，岩漿亂流。其後，北半球地貌變得平整，大部份被甩出的物質進入（甚至形成）火星和木星之間的小行星帶，留下的就是火衛一和火衛二。這次撞

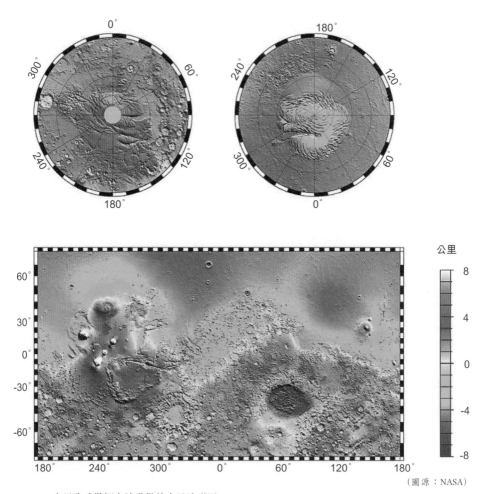

（圖源：NASA）

火星全球勘探者號獲得的火星地形圖

擊發生的時間距今應該不是很久遠，因為北半球地質情況整體比較新，隕石撞擊坑數量和密度遠少於南半球，在地下探測到很多被岩漿流掩蓋的撞擊坑。對火星、水星和月球這種缺乏大氣和複雜地質運動的星球而言，表面撞擊坑往往能夠保存億萬年。考慮到隕石撞擊的情況是隨機發生的，因而可以通過某個區域撞擊坑的數量和密度判斷當地的地質年代和歷史。

可悲的是，火星原本體型較小，保溫效果有限，這次撞擊可能加快了火星內部熱量的損失進度。與地球遭遇的小行星撞擊災難相比，火星的遭遇不幸得多，它的命運被徹底改變。

火星上有沒有水？

從理論上講，火星並不像水星一樣接近太陽，而水星被太陽炙烤並被太陽風瘋狂襲擊，極難有水存在。火星處於太陽系內的宜居帶上，最高溫度不超過水的沸點，水在低溫情況下可以凝結成冰，在理論上應該能夠存在。

但是，由於大氣的缺陷，火星表面很難有水存在。氣壓越低，水的沸點就越低。在地球上，水在海平面的沸點是攝氏100度，到珠穆朗瑪峰上就只有攝氏70度左右。珠峰氣壓有海平面氣壓的30%左右，而火星上的氣壓連地球海平面的1%都不到，接近真空狀態。在完全真空的情況下，水的沸點接近攝氏0度，這意味着火星表面不太可能存在液態水，更何況火星表面溫度會達到攝氏30度。由於缺乏磁場保護，水在太陽風的強大作用下會蒸發，能夠擺脫較弱的火星引力束縛，逐漸進入太空。而且，在輻射作用下，水分子會被分解成游離氫和氧，而氫原子更容易逃逸。

因此，目前的研究證明，火星表面很難存在液態水，只有

在極其特殊的環境下可能存在季節性液態鹵水（還需要進一步證實）。不過，大家也不必太過失望，有些探測研究證明，在火星地下有冰塊，火星土壤水含量有 2% － 3%。在火星兩極厚厚的乾冰冰架下，有大量固態水冰，甚至有地下液態水湖的痕跡。對這些水源進行開發利用困難重重，但水能夠在火星上發現已經足夠令人驚喜了。

火星上到底有生命嗎？

我把火星的基本情況介紹到這裏，相信大家已經對它有非常清楚的認識：晝夜溫差極大，空氣極其稀薄，磁場很弱，太陽和宇宙輻射極強，幾乎不存在液態水。所有一切還在變得更加糟糕，地球生物成功生活在火星上的希望極其渺茫。

但是，還是有科學家相信火星上有存在生命的可能。我們知道地球生物的多樣性，很多生物旺盛的生命力讓人感到可怕。例如，在大洋底部攝氏幾百度的火山口附近生活着龐大的生物群落。那裏幾乎沒有氧氣，鹽份很高，劇毒物質隨時從地底湧出。生活在那裏的生物完全不依靠太陽的能量，而是依靠從火山口噴射出來的化學物質生活，形成了龐大的生物群落。在距離地球表面 400 公里的國際空間站的表面，發現過地球上的簡單微生物的痕跡。那裏溫差極大，從攝氏 200 度到攝氏零下 200 度，而且宇宙輻射強度大大高於地球表面。科學家推測，可能是一些極其特殊的情況（例如，高層大氣劇烈變動）使這些微生物衝出大氣層，附着在迎面而來的國際空間站表面。這些微生物依靠自身強大的適應能力在惡劣的太空環境中生存。由此可見，即使火星的生存條件多麼惡劣，也可能有生命存在。

推測火星上存在生命絕不是無稽之談，我們來看一下被譽

為「生命力之王」的水熊蟲，就會相信火星上存在生命的可能性很高。這種肉眼難以看見的生物可以在含水量僅 3% 的環境中休眠（曬乾的香菇含水量仍有 11% － 13%），可以在攝氏零下 272 度（宇宙最低溫度為「絕對零度」，即攝氏零下 273.15 度）的環境裏生存，可以承受數百倍大氣壓，可以在真空中存活 10 天，可以在攝氏 150 度中存活，可以承受的輻射劑量是人類的數百倍。水熊蟲碰到「不舒服」的環境就會進入「冬眠」狀態，甚至 10 年後還能夠「滿血復活」。它是名副其實的超級「小強」。地球上現已發現的水熊蟲有 900 多種，這種頑強的地球生命的數量真是無法預測。對水熊蟲來說，火星表面的生存條件並不算最惡劣。

火星地下可能是另一番光景：人類探測器已經發現固態水冰和疑似地下水湖泊的存在。在厚厚的土壤層保護下，那裏的宇宙輻射、溫度變化等情況比火星表面好很多，還有足夠的碳（畢竟火星空氣中絕大部份是二氧化碳）、氧、氫和微量元素等生命基本構成元素。人類目前發射的探測器在火星上空和表面做過研究，對火星地表的探測深度僅僅達到幾十厘米而已。火星地下到底隱藏着甚麼秘密，還有很大的探索空間。

地球上有大量生命存在這個事實，已經説明兩個重要問題：第一，宇宙中生命出現的概率儘管極低，但絕不是零。第二，地球上存在億萬種不同的生命，宇宙生命的形態極有可能更加複雜，甚至不限於地球生命的碳基形式，會大大出乎人的意料。

宇宙無邊無際，如果真的只有地球存在生命，實在是一種浪費。

不過，基本可以確定，無論火星發生過甚麼，它目前已經不可能支持複雜的、類似地球上的大型生命體的存在，最多讓

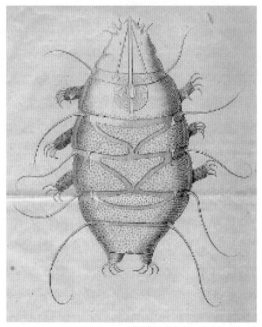

（圖源：Schultze, C.A.S，1861）

1773 年，德國動物學家約翰·奧古斯特·埃弗拉伊姆·格策
將這種奇怪生物起名為「水熊蟲」。

類似微生物的簡單生命體存活。在沒有其他生物（人類）的干預下，火星目前的生存條件只會進一步惡化。也就是說，假如火星已經存在生命，它們最終生存的可能性還會進一步降低。

因此，火星上的生命最多只是簡單結構的微生物，這與科幻小說中想像的高度文明的外星人相去甚遠。但是，對人類而言，這些微生物足以被叫作外星生命，足夠顛覆人類的宇宙觀了。

如果真有機會，人類一定要親自去拜訪它們，與隔壁的鄰居暢談地球、火星甚至太陽系的歷史！

（圖源：NASA）

第二章

火星探測從無到有

人類第一次觀測火星，或許就是百萬年前在非洲叢林完成的。不過，對古人類而言，火星只是一個看不懂、抓不到的光點，甚至沒有一隻螢火蟲有意思。在後續的人類進化歷程中，人們看這個光點的次數越來越多，便夢想突破天空的桎梏，一探究竟。

肉眼可見的火星

　　在歷史上，人類早期的天文觀測幾乎都依賴肉眼，藉助簡單的天文觀測裝置輔助記錄星體位置，沒有任何設備能夠讓人類看清各種星體的真實面目。後來，望遠鏡，尤其是天文望遠鏡的出現，使這一切得到了巨大的改觀。

　　1608 年，荷蘭眼鏡師漢斯‧利伯希（Hans Lippershey）在跟兩個小孩玩透鏡時，驚奇地發現將不同透鏡組合可以看清楚遠處的物體。精明的漢斯立即製作了世界上「第一個」雙筒望遠鏡並申請專利。由於這不算複雜的發明，很多荷蘭人爭先恐後地申請專利，利伯希最終並沒有被授予專利。與此同時，意大利著名天文學家伽利略也一直在研究如何進一步觀測星體。1609 年，伽利略改進漢斯的望遠鏡，成功製造出世界上第一個天文望遠鏡。伽利略望遠鏡以一個直徑和焦距較大的凸透鏡為物鏡，以一個直徑和焦距較小的凹透鏡為目鏡，可以將物體放大 32 倍左右。藉助望遠鏡，伽利略第一次看清楚了月球表面的樣子。隨後，他又把目光投向木星，在那裏發現了木星的四顆衛星。後來，這四顆衛星被命名為「伽利略衛星」，以表彰他對人類的天文學事業做出的巨大貢獻。

伽利略和他的天文望遠鏡

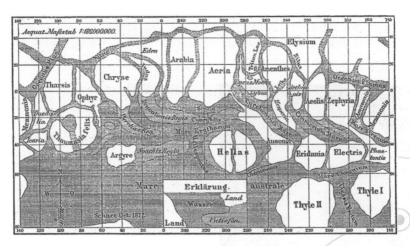

意大利天文學家喬凡尼‧斯基亞帕雷利在 1877 年繪出了最早的火星「地圖」

隨着天文望遠鏡的不斷改進，火星外觀也從一個橙紅色的小點逐漸具有陰暗和明亮交加的輪廓。人類逐漸意識到火星上面可能有各種地形、地貌，甚至猜測那裏有高山、峽谷、冰蓋和湖泊。人類用各種有地球特色的名字命名火星上的地理區域，如太陽湖 / 海、大瑟提斯高原、亞馬遜平原、希臘盆地等。人們還看到了類似河道一樣的峽谷，彷彿是用來灌溉的水渠。人類對火星存在生命乃至文明的幻想越發濃厚。

　　隨着技術的進步，尤其是藉助 20 世紀後技術更先進的光學望遠鏡，人們可以看清楚火星的更多細節。科學家發現火星上好像有一層薄薄的大氣，看起來氣壓比地球低。火星可能存在類似月球表面一樣的大量撞擊坑，暗示其不存在大量的地質運動和氣候變遷，可能是一顆不再活躍的星球。有些天文學家懷疑火星的環境跟地球差別很大，因為它太小，距離太陽更遠。

　　種種跡象表明，火星不一定存在類似地球的複雜生物圈，但這並不能説服每個人。關於火星是否存在高級生命的討論，人類逐漸劃分為兩派。樂觀的科幻作家和普通大眾總是在幻想高度發達的火星世界和火星家園，認為那裏存在高級智慧文明。而科學家則大多持悲觀態度，認為火星最多只能存在簡單生命，甚至一片荒蕪，距離產生地球這樣複雜的生態系統非常遙遠。

（圖源：NASA/ESA）

哈勃太空望遠鏡在 2016 年拍攝的火星，從圖中可以看到火星有稀薄的大氣。

遙遠的火星和地球相隔以億公里計的距離，還隔着濃厚的地球大氣，火星上面也有稀薄大氣，偶爾會颳起席捲全球的沙塵暴。因此，光學觀察受到很大的影響。事實上，很多年後，飛出地球大氣層的哈勃太空望遠鏡也無法清晰拍下火星表面的每個細節。科學家需要「眼見為實」，最好的方案當然是派探測器甚至宇航員前往火星，甚至降落到火星表面，一探究竟。

　　因而，對數百年前的天文學家而言，人類頭頂的藍天是限制幻想的天花板。

瘋狂的火星探測競賽

　　從遠古到今天，人類對火星的幻想從未停止，探索這片未知領域的腳步也從未放慢。科技的進步使人們的一切天文幻想成為可能，但是，推動科技進步的原因可能並不光彩。航天技術的發展就是出於戰爭的需要。武器裝備越先進、殺傷力越強，在戰場上取勝的可能性就越大。

　　第二次世界大戰期間，戰爭的需要推動了技術的發展。德國 V2 火箭的出現，意味着現代火箭技術的突破，這也是航天運載火箭的先驅。1942 年，納粹德國發射 V2 火箭（導彈）進入太空，成功越過了象徵太空與地球邊界的卡門線（Kármán line），這裏距離地球表面已經有 100 公里。自人類文明誕生以來的飛天夢想，不經意間就變成了可以期望的未來。

　　德國戰敗後，盟軍在德國的火箭研究基地發現，那時德國人已經在研發可以直接從德國攻擊美國本土的洲際導彈，最先進的 A12 導彈甚至可以攜帶 10 噸的巨大彈頭進入地球軌道。

德國的技術、資料和人才成為美、蘇陣營秘密搶奪的對象。在這場爭奪戰中，美國人毫無疑問取得了領先。他們秘密進入應該是蘇聯控制區的 V2 火箭生產基地，搬走了大量資料和成品或半成品 V2 火箭，還通過「回紋針」行動秘密保護了以沃納·馮·布勞恩（Wernher von Braun）為代表的一大批德國火箭專家，讓他們前往美國。事後證明，馮·布勞恩在人類航天歷史中的地位無人能比，他是當之無愧的世界最偉大的火箭設計師。他的代表作便是大名鼎鼎的土星 5 號登月火箭。土星 5 號重量達到 3,000 噸，近地軌道的運送能力達到 140 － 150 噸級別。土星 5 號讓許多後來者難以望其項背，要知道，那可是在 20 世紀 60 年代。土星 5 號除在執行阿波羅 6 號任務時出了小問題外，在其餘發射任務中保持了 100% 的成功率。

　　蘇聯人不甘落後，在美國「回紋針」行動後開始公開爭奪人才。隨着核武器和從 V2 火箭衍生的洲際導彈相繼誕生，太空競賽不期而至。1957 年，斯普特尼克 1 號在蘇聯的拜科努爾發射場秘密升空。此舉極大地震動了美國人，因為這意味着每隔 90 分鐘就有一顆蘇聯衛星繞地球一圈。這對美國人帶來的心理衝擊可想而知。1958 年，美國通過了《美國國家航空暨太空法

（圖源：NASA）

土星 5 號火箭及其設計師沃納·馮·布勞恩。

1946 年，美國建造的新版 V2 火箭攜帶相機進入太空，拍下了人類首張太空照片。

案》，組建了國家航天委員會，最終建立了美國航空航天局。

美國政府將巨大資源投入航天事業當中。美國航空航天局在 1967 年拿到的經費佔美國聯邦總預算的 4.5%，而如今的預

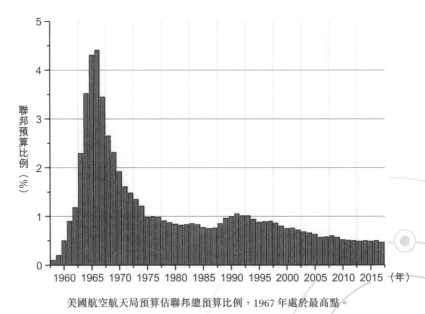

美國航空航天局預算佔聯邦總預算比例，1967 年處於最高點。

算所佔百分比僅有 0.44%，它在那個年代的影響力可見一斑。

　　蘇聯在航天事業上的投入絲毫不亞於美國，而且在各方面都領先美國一步。蘇聯人發射了第一枚洲際導彈（1957 年，R7 導彈，由 V2 系列火箭改造）、第一枚航天運載火箭（1957 年，由 R7 導彈改造）、第一個月球探測器（1959 年，月球 1 號）。

同時，蘇聯還擁有世界上第一位男性宇航員（1961 年，尤里·加加林）和世界上第一位女性宇航員（1963 年，瓦蓮京娜·捷列什科娃），一時輝煌無比。

（圖源：NASA）

火星 1 號

　　軍事競賽在繼續，科學家的夢想也在繼續。天文學家希望人類將航天探索的方向能夠瞄向夢寐以求的火星。1960 年，蘇聯的兩個火星探測器秘密發射升空，遺憾的是，它們都沒有成功離開地球。1962 年，蘇聯又發射了三個火星探測器，又全部失敗了。

　　這似乎開啟了蘇聯人乃至俄羅斯人的魔咒，在隨後的幾十年內，他們往火星發射了 20 多個探測器，沒有一次完全成功，最大成功僅是着陸火星十幾秒而已，幾乎沒有收穫有效數據。

這與蘇聯探測金星的輝煌成績相比，令人難以想像。火星探測似乎成為蘇聯一道無法逾越的難關。

水手 4 號：火星探測大幕開啟

蘇聯開局不順，美國同樣倒霉。1964 年 11 月，美國首個火星探測器水手 3 號發射，但在星箭分離階段失敗。

在這種情況下，它的姊妹探測器水手 4 號頂着巨大壓力在 11 月 28 日發射，最終完成了人類首次探測火星的實驗。探測器大約有 3 米高，四個太陽能帆板展開後整體寬度近 7 米，足以放滿一所小房子。其實，這些太陽能帆板產生的電能功率有限，只有 300 瓦特左右，和夜晚普通居民家裏房屋開燈照明的消耗量差不多。

水手 4 號配備了探測磁場、宇宙射線、高能粒子、太陽風、太空塵埃等方面的儀器，更像是在執行一個太陽系深空探測任務。這也符合它的定位：探測火星實際上是飛掠火星，靠近火星的時間僅佔計劃任務不到 1% 的時間。絕大部份時間，它都飛在茫茫深空中。水手 4 號同時配備了極其重要的相機。那時的相機不像今天的手機一般使用成熟的感光耦合元件（CCD），只能通過簡單的攝像管將圖像信號記錄並轉換為數字信號。完成飛掠火星任務後，記錄的數字信息經過壓縮傳輸，在地球上再現出來。

由於飛掠距離較遠，相機的鏡頭設計得類似望遠鏡。用過望遠鏡的朋友可能有經驗，必須把望遠鏡扶穩，否則一丁點兒抖動都會使畫面劇烈晃動。航天器上的相機也是如此，必須保證安裝在探測器底部的相機穩定對準火星，否則就會錯過稍縱即逝的機會。為確保飛行姿態穩定，水手 4 號運用了最初的恒

星敏感器。這個恒星敏感器通過鎖定太陽和全天第二亮的老人星（位於船底座）的位置，來確定探測器的準確姿態。當然，如今的恒星敏感器技術已有巨大進步，目前航天器的姿態確定精度已經到了角秒[①]級別。

1965 年 7 月 15 日，水手 4 號在火星上空約 1 萬公里的位置成功飛掠而過。大家不要對這個數據失望，感覺離火星很遠。實際上，在航天深空探測領域，這已經是很近的距離。例如，各種地球通訊衛星距離地表 35,786 公里，更何況這個以火星為目標飛行了超過幾「億里」的探測器。對水手 4 號而言，這個距離足以完成既定目標。在與火星近距離接觸的數小時內，水手 4 號拍下了 22 張火星照片。這些照片是人類首次拍下的其他行星的近距離照片。

（圖源：NASA）

水手 4 號及其拍攝的火星地面圖像

水手 4 號拍攝的圖像加在一起只覆蓋了火星表面約 1% 的範圍，但依然具有劃時代意義。人類的近距離觀測範圍此前局限於地球，這是人類首次近距離觀測其他行星。照片顯示火星表面有大量撞擊坑，看起來那裏是一片荒漠，不太像有複雜地

---

① 圓是 360 度，1 度可以分為 60 角分，1 角分又可以分為 60 角秒。

質運動和類似地球氣候條件的樣子。水手 4 號也沒有探測到火星表面的磁場和輻射帶，因為信號非常微弱。探測器探測到火星表面溫度接近攝氏零下 100 度，幾乎沒有大氣，這大大支持了火星不可能存在生命的觀點。

遺憾的是，那時的航天技術並不足以讓探測器變軌並停留在環繞火星軌道上。拍完這些照片不久，水手 4 號將數據發送回地球，然後滑入了深空。然而，水手 4 號並未從此絕跡。在隨後三年中，它努力收集各種關於太陽風的數據，為人類研究太陽提供了寶貴的第一手資料。1967 年 12 月中旬，水手 4 號的宇宙塵埃探測儀記錄到十多次微流星的撞擊，這些微流星可能是一顆彗星的碎片。在遭到近百次撞擊之後，水手 4 號逐漸失去了姿態控制能力，通訊能力也迅速下降，被迫在 12 月 21 日正式結束了任務。我們可以用「鞠躬盡瘁，死而後已」來評價它為人類的天體研究做出的偉大貢獻。

水手 4 號在三年任務期間發回地球的數據總量只有 634KB，對今天的電腦技術而言，這僅相當於一幅壓縮圖片大小。現在很多人隨手在聊天軟件中「鬥」幾張圖都要花掉更多的流量。從另一方面來說，這也能反襯出在當時技術水平的限制下，科學成果來之不易。

水手 4 號拍下的照片顯示火星存在生命的可能性極低，但這沒有澆滅科學家的研究熱情。在科學研究的邏輯裏，最寶貴的便是可證偽性。換句話說，如果某個推論不成立，該由甚麼樣的反例來證明。如果沒有生命，火星表面究竟是如何一種環境？這種環境又怎樣導致火星上沒有生命的結果？人類需要知曉更多的細節。人類對火星的探索仍在繼續。

後續的水手 6 號和水手 7 號也在 1969 年順利抵達火星，

它們攜帶了更先進的儀器，拍攝了更多照片。遺憾的是，它們的探測進一步確認火星極其寒冷，幾乎沒有磁場，大氣成份也主要是稀薄的二氧化碳。一句話，火星就是一個荒蕪的地方，不太可能存在生命。

蘇聯和美國在20世紀60年代共發射了12個火星探測器，僅美國的3個探測器（水手4號、6號、7號）成功完成任務。蘇聯的8個火星探測器如同遭遇魔咒一般，全部失敗。

（圖源：NASA）

水手7號在靠近火星過程中拍下的圖像

不管怎樣，火星探測的大門已經打開，人類渴望了解火星的心情依然存在。下一步就看誰能夠真正「圍觀」火星，而不是與之擦肩而過。

水手9號：太陽系奇蹟的見證者

1971年是人類探測火星歷史上最繁忙的一年，蘇聯和美國共計發射了5個探測器，佔整個70年代發射總量的一半！

1971 年 5 月 8 日，美國水手 8 號出發。僅僅 6 分鐘後，火箭發生技術故障，探測器墜入大西洋。水手 8 號的發射失敗讓同一窗口期的火星探測計劃蒙上了一層陰影。一天之後，蘇聯的宇宙 419 號幾乎因為一樣的問題失敗，以至於沒來得及為它起個正式名字。

在這個火星探測窗口期，僅有 5 月 30 日發射的水手 9 號獲得成功。在飛行五個半月後，水手 9 號成為首個環繞火星的探測器，也是人類第一個環繞其他行星的探測器。不過，當時進入環繞火星軌道的難度依然很大，水手 9 號僅能進入一個超大的橢圓軌道。探測器距離火星最近 1,600 公里左右，最遠超過 1.6 萬公里。那個時代的探測器並沒有足夠的制動能力把軌道調整成理想的圓形軌道。

（圖源：NASA）

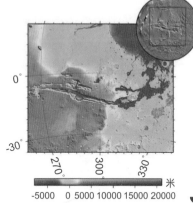

（圖源：Martin Pauer）

水手 9 號和以其命名的水手號峽谷高程圖

水手 9 號抵達火星時不盡如人意，火星表面發生了全球性的沙塵暴。火星稀薄的大氣對行星的保溫作用幾乎可以忽略，

火星不同區域的溫差巨大，氣壓差距導致大規模的甚至全球的空氣流動。由於極其乾燥，而且被太陽風和宇宙射線轟擊，被隕石撞擊和風沙侵蝕，火星表面的土壤和沙塵非常細密。氣體裏挾細沙，遮天蔽日，形成無比壯觀的沙塵暴。幾個月之後，這種情況稍微好轉一些，水手 9 號才開始獲取真正意義上的火星數據。所幸水手 9 號在那裏一直工作了一年多時間，最終熬到風沙散盡的一刻。相比前輩留下的數十張照片，它拍下了 7,000 多張火星照片，成績驚人。由於軌道時遠時近，這些照片的分辨率從 1,000 米到 100 米不等。這些照片疊加起來展示的區域已經覆蓋了火星表面 85%。

在隨後幾個月寶貴的觀測時間內，水手 9 號清晰拍下了火星上壯觀的水手號峽谷。顯而易見，這個峽谷就是因為水手 9 號的發現而被命名的。水手號峽谷長度超過了 4,000 公里，和地球上的東非大裂谷相當。但是，因為受地質運動影響，東非大裂谷並不是連續的，所以水手號峽谷是太陽系最長、最大的連續峽谷。對於水手號峽谷的形成原因，眾説紛紜。有人猜測，水手號峽谷可能是由於大量液態水或冰川流動侵襲形成的，也可能是峽谷底部整體塌陷形成的，也有説法認為是由於峽谷下面巨大的二氧化碳冰川逃逸形成的。正如地球上很多複雜地貌無法被完美解釋一樣，水手號峽谷的具體形成原因和時間，到現在也沒有定論，畢竟我們無法穿越過去看看到底發生了甚麼。此外，水手 9 號還拍下了火星上大量河床、撞擊坑、山川、峽谷等地貌特徵。這些地貌與水手號峽谷的存在，意味着火星上曾經發生過大規模的地質運動。這種運動塑造了火星表面，不亞於地球表面的地質運動。

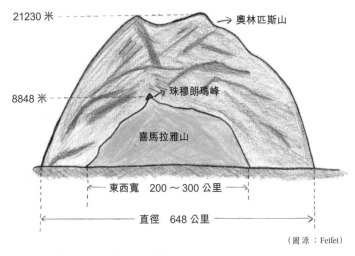

21230 米 ----→ 奧林匹斯山

8848 米 ----→ 珠穆朗瑪峰

喜馬拉雅山

←――― 東西寬 200～300 公里 ―――→

←―――――――― 直徑 648 公里 ――――――――→

（圖源：Feifei）

喜馬拉雅山與奧林匹斯山對比

　　此外，水手 9 號還清楚拍攝了太陽系最壯觀的火山——奧林匹斯山。這是一座巨大無比的高山，它的高度為 21,230 米（以火星全球基準面為準），遠遠超過珠穆朗瑪峰。需要說明的是，地球上的珠穆朗瑪峰的高度是海拔高度。火星上沒有海洋，顯然不存在海拔高度這個概念，因而用全球基準面作為衡量標準。如此來比較兩座高山，似乎並不「公平」。但是，無論用甚麼標準，奧林匹斯山的高度都遠超地球上的任何一座山。此外，小行星「灶神星」上有一座「23 公里高的大山」，叫雷亞西爾維亞峰。不過，灶神星太小，沒有達到天體流體靜力平衡（引力不足以維持自己為球形），而且自身也經過大型隕石的撞擊，和行星上靠自身地質運動形成的大山不可同日而語，因而這座「山」並沒有爭奪第一的資格。

　　有意思的是，即使奧林匹斯山無比巨大，如果你身處山頂，反而沒有了這種感覺。因為它的火山口寬度就超過了 80 公里，

底部又擴大了近 8 倍，幾乎可以蓋住雲南、四川和黑龍江幾個大省中間的一個。這意味着，你看到的其實就是一個很長的斜坡而已，用「不識廬山真面目，只緣身在此山中」來形容恰如其分。

從拍攝的奧林匹斯山圖片來看，如果有冰雪覆蓋，它的斜坡一定是太陽系滑雪第一聖地。不過，太陽系內的第二、第三、第四滑雪聖地也許都在火星。在奧林匹斯山東南方還有三座大山：阿爾西亞山（Arsia Mons）、帕弗尼斯山（Pavonis Mons）、艾斯克雷爾斯山（Ascraeus Mons）。以全球基準面計，它們的高度都超過了 14 － 20 公里不等，且遵循類似奧林匹斯山的規律：坡度非常緩，適合滑雪。

奧林匹斯山之所以有如此高度，很大程度上是因為在形成過程中火星表面幾乎沒有類似地球表面的活躍的大陸板塊運動。火山一直立在那裏，經歷數億年岩漿噴發，不斷積累到如此巨大的體量。同時，火星引力較小，山可以長得更高。近階段的火星（注意，這個尺度是億萬年）幾乎沒有能夠塑造地貌的冰川與河流，而且沒有地震等具有強烈破壞力的災害，使這座山能夠保持如此高度。如果在地球，奧林匹斯山也許就像東非大裂谷一樣被「破壞」得面部全非，地震、板塊運動以及水沖和風蝕等不知道將它重塑多少次了。在同等條件下，它或許根本沒有與喜馬拉雅山、安第斯山和落基山等競爭的力量。

目前，這座可能持續噴發了數億年的火山已逐漸停止了活動。從山頂的撞擊坑數量和密度來看，它的活動或許已經停了數百萬年，因為這些坑形成後一直沒有被熔岩再次覆蓋。其他幾座大山也早已安靜下來，可見火星內部活動的確不再活躍。

時至今日，水手 9 號這個為人類立下汗馬功勞的火星探測

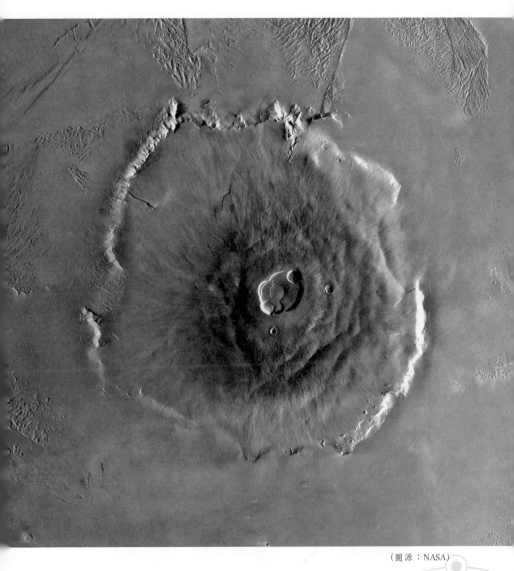

（圖源：NASA）

維京 1 號拍攝的奧林匹斯山俯視圖

器依然在圍繞火星運動，成為它的一顆人造衛星。水手9號的軌道是獨特的大橢圓軌道，火星大氣的阻力幾乎無法影響並使其發生改變。同樣道理，中國首顆人造衛星東方紅1號在1970年進入環繞地球的大橢圓軌道，直到今天依然在環繞地球。不過，這兩顆人造衛星早已經停止工作，可以把它們看作人類航天探測史的永久豐碑。

火星2號/3號/4號/5號/6號/7號：
野心越大，失望越大

在1971年5月的火星探測窗口期，不僅有美國的水手8號和水手9號發射升空，蘇聯也不甘落後地發射了3個探測器。除失敗的宇宙419號外，蘇聯發射的還有火星2號和火星3號。此前沒有任何探測器進入環繞火星軌道，航天技術曾經保持領先的蘇聯剛剛在登月競賽中落敗於美國。毫無疑問，蘇聯會把尚未被人類完成的火星探測作為重拾信心的起點，因而對火星探測極為重視。

（圖源：NASA）

火星3號軌道器和着陸器

5 月 19 日，蘇聯的火星 2 號順利升空；5 月 28 日，蘇聯的火星 3 號順利升空；5 月 30 日，美國的水手 9 號才順利升空。水手 9 號落後火星 2 號 11 天，落後火星 3 號 2 天。蘇聯看似為爭奪火星探測競賽的勝利做了雙保險！

11 月 14 日，美國的水手 9 號順利抵達火星軌道，開始正常工作，成為人類首個環繞火星的探測器。11 月 27 日，蘇聯的火星 2 號抵達火星；12 月 2 日，火星 3 號抵達火星。也就是說，比火星 2 號出發晚的水手 9 號更早到達目的地。

水手 9 號的領先，主要是由於在推進能力和重量方面的優勢。水手 9 號僅重 1 噸左右，而火星 2 號和火星 3 號每個總重達到 4.7 噸。它們不僅包括一個環繞火星的軌道器，還有一個能夠着陸火星的着陸器，着陸器甚至攜帶了一個微小的火星車。可以說，如果二者能夠成功，會是人類探測火星的重大突破。可惜，二者重量過大，導致推進效率降低，而這並不是優化軌道設計能夠克服的。蘇聯遺憾地把第一拱手讓給了美國。

按照蘇聯的方案，在探測器抵達火星附近後，軌道器和着陸器分離。軌道器開始變軌，進入環繞火星軌道，而着陸器直奔火星去着陸。蘇聯的兩個探測器成功實現了軌道器和着陸器的分離和變軌，軌道器成功進入環繞火星的大橢圓軌道。

不幸的是，火星 3 號軌道器在變軌時發生了燃料控制問題，其環繞火星的軌道距離火星最遠達到驚人的 21 萬公里，不可能正常工作。同時，火星 2 號軌道器也沒有太大的有科學價值的發現。正如前文介紹水手 9 號時提到的，火星發生了沙塵暴。火星 2 號軌道器只能通過雷達高度計和相關大氣探測設備進行研究，它的發現相比美國探測器並無亮點，最重要的用光學設備繪製火星地圖的工作遲遲無法進行。火星沙塵暴依然在繼續，

火星 2 號拍攝的照片質量很差，直到 1972 年 8 月由於軌道器失效而被放棄。所以，火星 2 號並不算成功完成了任務。相較而言，水手 9 號一直堅持到火星沙塵暴散去才開始大展身手，取得巨大成果。

在着陸器方面，蘇聯的火星探測器更是禍不單行。先抵達的火星 2 號着陸器失聯，在火星大氣中被焚毀，殘骸落在火星表面。這也算是人類首次「硬着陸」火星的探測器。火星 3 號在成功抵達火星軌道後也立即釋放着陸器。幸運的是，重達 1.2 噸的着陸器終於實現了人類探測器成功軟着陸火星的夢想，留下人類在火星上的第一個「足跡」。不過，極其遺憾的是，它在成功着陸十幾秒鐘後就停止了工作。除驗證火星降落技術之外，火星 3 號幾乎沒有取得任何科研成果。2006 年，抵達火星的美國偵察軌道器拍到了疑似火星 3 號着陸器和降落傘。時隔

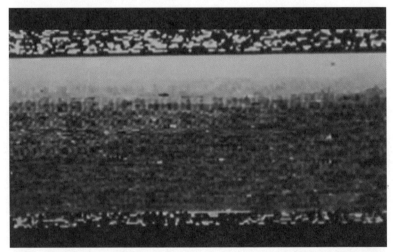

（圖源：蘇聯科學院）

這張火星 3 號着陸器拍下的照片，只傳回一小部份，是人類首次從火星表面發回的信息，也是蘇聯探測火星取得的重大成就。但是，蘇聯科學院承認，這張照片幾乎沒有科研價值。

35 年，它們依然寂寞地待在火星表面。

對於探測火星屢遭挫折的蘇聯而言，火星 3 號的部份成功似乎已經足以鼓舞人心，但後來再也沒有取得新的突破。

1973 年的火星探測窗口期，不屈不撓的蘇聯開始放手一搏。在短短 20 天內（7 月 21 日到 8 月 9 日），蘇聯連續密集發射了火星 4 號、火星 5 號、火星 6 號、火星 7 號四個探測器。這幾個探測器全是 3 － 4 噸重的大傢伙，火星 6 號和火星 7 號計劃繼續向登陸火星挑戰。美國此時還未製造出任何能夠在火星登陸的探測器。可以説，在技術方面，蘇聯的火星探測器要超出美國不少。可惜的是，蘇聯的四個探測器都沒有圓滿完成任務，唯一亮點是火星 5 號圍繞火星工作了幾周，又很快發生了故障。

一次又一次失敗，大大地打擊了蘇聯人探測火星的雄心。

「維京」來了

對征服火星來説，飛掠一瞥和環繞大橢圓軌道進行遠距離觀察顯然不能讓科學家滿意，最重要的還是登陸火星。在登陸火星方面，蘇聯是先行者，但上天並沒有眷顧。科學沒有國界，蘇聯 1973 年四次火星探測活動失敗，讓全世界研究火星的科學家和工程師感到痛心。科學家們不斷思考如何解決問題，提高現有技術。在科學家們的不斷努力下，火星探測終於又出現了曙光。1975 年的探測窗口期迎來了 20 世紀最成功的一次火星探測任務。在蘇聯火星 3 號之後，有兩個探測器再次在火星上軟着陸，並獲得了真正的成功，這就是美國著名的「維京計劃」（NASA's Viking Project）。

維京海盜：數億公里的征途

　　想必大家已經明白，這次探測活動的名稱來源於大名鼎鼎的維京人，這個北歐民族曾經在歐洲海域有上千年的冒險經歷。「維京」本義指來自北歐海灣地區的人，他們大部份從事商業貿易、海上運輸等工作，但最出名的是海盜。「維京」在中世紀很多歐洲國家等同於「海盜」一詞。歷史進入近現代後，維京人與生活在大不列顛等地區的其他歐洲民族不斷融合，「維京」和「海盜」逐漸不再是負面詞彙了。如今，維京海盜還成為北歐人的精神象徵。用維京為這次的火星探測活動命名，是希望探測器像維京人一樣，不畏懼此前的失敗，勇往直前。

（圖源：NASA）

維京號探測器和着陸器

　　與蘇聯的火星 2 號和火星 3 號相似，維京 1 號和維京 2 號都包括一個在軌飛行軌道器和一個着陸器，總重達 3.5 噸，其中着陸器為 600 公斤。同時，它們還配備了大量科學儀器，以便對火星表面進行深入研究。這是美國首次對登陸火星進行挑

戰，項目極其昂貴，20 世紀 70 年代的登陸火星計劃花掉了 10 億美元，相當於現在的 50 億美元，讓人咋舌。而我們不得不感慨，蘇聯幾次失敗的嘗試造成了巨大浪費。

兩個維京號火星探測器分別於 1976 年 6 月 19 日和 8 月 7 日先後抵達火星。不同於火星 2 號和火星 3 號在抵達火星後軌道器和着陸器立即分離的方案，維京號的軌道器和着陸器共同進入環繞火星的大橢圓軌道。一個月後，維京號的軌道器和着陸器才擇機分離。軌道留在大橢圓軌道，着陸器執行登陸任務。事實證明，這是更為優秀的方案。維京 1 號和維京 2 號原先計劃的登陸時間都曾經被推遲。如果時間沒有冗餘，必須強行分離，或許登陸成功與否還是未知數。不過，維京的這種整體入軌方案難度也增加很多。任何事物都有正反兩面，只能根據具體情況權衡利弊。

在漫長的任務期內，兩個維京軌道器進一步發現火星表面有很多地球上常見的地貌，如沙丘、島嶼（雖然沒有水）、高山，甚至流線型的沖刷區域。這證明，至少在遠古歷史上，火星存在過由液態水組成的海洋和湖泊。維京號軌道器的相機大大優於前輩，拍攝了很多經典照片。

1976 年 7 月 20 日，維京 1 號着陸器成功在火星軟着陸，恰好是人類首次登月（1969 年，阿波羅 11 號）的紀念日；9 月 3 日，維京 2 號着陸。着陸器抵達火星表面，它們可以直接地、細緻地分析底層大氣和火星土壤，能夠獲取關於火星的第一手資料，更讓人充滿期待！

對科學家來說，這兩個着陸器的能量來源曾經是很大的考驗。無論蘇聯還是美國的探測器，都經歷過遇上火星沙塵暴，導致軌道器的照相設備無法拍到火星表面的情況。蘇聯火星 2

維京 1 號拍下的火星全貌，用很多照片拼接而成。
這張經過藝術加工的圖片隨後成為火星的「證件照」。

號的軌道器沒有熬到沙塵暴完全退去。從能源供應方面考慮，沙塵並不會干擾火星大氣之外的軌道器，它們可以通過太陽能電池板獲得能量。毫無疑問，降落到火星表面的着陸器要面對能量來源的重大挑戰。人們當時認為，沙塵會阻擋絕大部份陽光，太陽能方案可行性不大。

科學家給出的解決方案是使用核能。在自然界和人工環境下，一些元素擁有同位素。這些同位素並不穩定，會逐漸衰變，釋放出一定的熱量。在這種情況下，可以使用一種叫作「熱電轉換器」的裝置，把這些熱量收集起來轉化為電能。這種系統叫作放射性同位素發電機，俗稱「核電池」。這種電池的熱電轉換效率並不高，但由於具有超高能量密度，支持超長工作時間，遠超普通燃料電池和蓄電池，有着無法被取代的地位。例如，人工心臟需要電源支持，而醫生不可能經常給患者開刀更換電池，能穩定工作幾十年的核電池顯然優勢明顯。

兩個維京號着陸器就使用了用放射性元素鈈 - 238 製作的核能電池來獲得能量。鈈 - 238 是一種半衰期長達 88 年的同位素，在理論上足夠工作幾十年時間，能夠在其他硬件失效前持續穩定為着陸器提供能量。這種核電池還被用於很多耳熟能詳的太空探測計劃，特別是無法直接使用太陽能的計劃。例如，最終目標飛出太陽系的先驅者 10 號、先驅者 11 號、旅行者 1 號、旅行者 2 號和新視野號五個探測器。旅行者 1 號和旅行者 2 號甚至已經在宇宙深處工作了 42 年之久，正是核電池使它們具有了超長的工作時間。中國的嫦娥 4 號和玉兔 2 號就測試了放射性同位素發電機。這裏需要説明的是，鈈 - 238 是生產核武器的重要原料鈈 - 239 的副產品，二者作用迥異，前者造福人類，後者卻給人類帶來災難。幸運的是，「冷戰」結束後，世界局勢

總體平靜，核武器的生產基本陷入停滯。不幸的是，現在航天探測活動能夠使用的鈈 - 238 越來越少，導致很多深空探測任務受到限制。

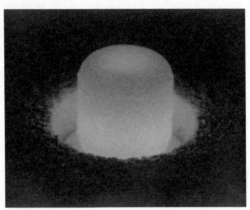

（圖源：美國能源部）

正常狀態的鈈 -238 源源不斷地釋放熱量

（圖源：NASA）

維京 1 號着陸器在火星表面拍下的火星近景照片

　　蘇聯的火星 3 號着陸器曾經有幾十秒的「成功」，而兩個維京號着陸器取得的成就卻是空前的。在核電池支持下，它們實際工作的時間遠超計劃中的數月。維京 1 號着陸器竟然正常工作了 2,306 個地球日，超過計劃時間 6 年才結束任務，而最

終任務結束的原因是由於地面控制中心發出了錯誤指令，使其含恨而終。維京2號運行的時間稍短，也長達 1,316 個地球日！

　　遺憾的是，雖然兩個着陸器詳細分析了火星土壤成份，但並未給出直接證據，證明火星表面存在有機物質。此外，火星地表的大氣情況和較弱的磁場也很難讓生命存在，這似乎更加肯定了火星上不存在生命的觀點。美國科學家原先對維京號期望很大，甚至擔心着陸器會攜帶地球微生物抵達火星，從而污染火星環境。在出發前，兩個維京號探測器都經過了七天七夜的高溫消毒滅菌。維京號最終的探測結果卻讓科學家們感到有些失望。

　　對普通民眾而言，他們的想法和科學家並不相同。由於巧合，維京號反而讓他們更相信火星上「有人」。一張「人臉」照片在大眾中廣為流傳，成為火星存在生命的「有力證明」，這是維京1號軌道器拍攝的一張火星照片。照片拍攝地點位於火星塞東尼亞區，這裏是多巨石和小山的丘陵地帶。

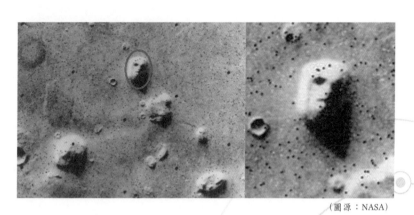

（圖源：NASA）

詭異的火星「人臉」

這張「人臉」很快被維京號軌道器後續拍攝的照片證明是錯覺。後續的人類火星探測器更是把所謂「人臉」360度無死角全部拍遍，證明了這一結論。科學家意識到，這不過是陽光照到小山或岩石上展現的光影效果而已。但是，興奮的大眾可不相信這些所謂的科學權威結論。各種陰謀論和火星人存在的說法一時廣為流傳，甚至有人為蘇聯火星3號着陸器的失敗找到原因——火星人干擾。在維京計劃結束後，因資金匱乏，探測火星的活動進入低潮，卻被公眾解讀為「地球人被火星人警告後再也不敢涉足火星」。熱愛科學的公眾的確想像力豐富，也很執着。劉慈欣《三體》火遍大江南北之後，隨便聽到點天文新聞，就有人驚恐萬分地說：（外星人發來信息）「不要回答！不要回答！不要回答！」其實，他們並不知道，也不在乎新聞裏到底說了甚麼，就是圖個樂子而已。

科學家們發現，這種陰謀論反而是一種「宣傳」，能激發無數人關注火星，有助於火星科研活動取得資金支持。關於太空探測的謠言很多，阿波羅飛船登月「造假」的陰謀論也是經典案例，各種版本層出不窮。後來，科學家們「不再」公開大量闢謠了，可謂巧妙利用了公眾的獵奇心理而求得關注。科學家們當然希望傳播正確的信息，只是闢謠無效，而民間的陰謀論卻越來越誇張。對於自己完全無法解釋，感覺不可思議的東西，很多人都會有自己的一套邏輯。各種傳說故事，或許滿足了大眾的文化心理需求，讓人們對生活不再感到枯燥。

作為當時最為成功的兩個火星着陸器，它們其後被重新命名用來向兩位科學家致敬。維京1號着陸器於1982年命名為「托馬斯·馬奇紀念站」（Thomas Mutch Memorial Station）。托馬斯·馬奇（Thomas Mutch）是布朗大學教授，領導維京計

劃着陸器地表相機圖像處理小組。他在 1980 年征服喜馬拉雅山脈的嫩貢山後，在下山途中墜落山崖，從此消失。維京 2 號着陸器於 2001 年命名為「傑拉德·索芬紀念站」(Gerald Soffen Memorial Station)。傑拉德·索芬（Gerald Soffen）是負責維京計劃着陸器項目的科學家，也是著名的科普教育作家。每個成功的輝煌背後，都有無數人在默默奉獻，這些人永遠值得懷念。

20 世紀 70 年代，美國和蘇聯逐漸停止了太空競賽，維京計劃這種耗資巨大的火星探測項目逐漸被砍掉。從當年的各種研究結果看來，火星似乎沒有生命存在的可能，進一步驗證的難度頗大，投入與產出不成比例。在維京計劃之後，直到 20 世紀 90 年代，美國停止了對火星的探測。

一個時代的輝煌夏然而止。

火衛一：蘇聯航天最後的噩夢

此時又到了蘇聯探測火星的悲情時刻，而這是蘇聯最後一次出現在火星探測活動中。

經歷 1973 年的四次慘敗後，蘇聯曾經一蹶不振，一度放棄探測火星，在蘇美暫停太空競賽後更是如此。一向不服輸的蘇聯人當然不甘心失敗，畢竟此前他們曾經領先美國人，只是最終沒有成功而已。蘇聯科學家依然在努力總結經驗教訓，繼續攻克技術難關，準備迎接下一次挑戰。

通過前文，大家想必已經對人類早期的火星探測活動有了簡單總結：人類實現了對火星大氣、磁場、重力場、地貌、地表、地質等全方位的研究，但還有一點沒有攻克：火星的兩顆衛星。在維京計劃期間，維京號軌道器觀察過這兩顆衛星，而蘇聯人提出了一個更加大膽的方案：登陸火衛一。火衛一的引力極其

微弱，探測器登陸難度極大，可這對一向挑戰高難度航天任務的蘇聯人而言並不是問題：如果不難，為甚麼要做？

　　蘇聯的科學家和航天工程師，是一群極其值得尊重的人。他們永不服輸的冒險精神，是人類最為寶貴的財富之一。第一個從樹上下來的古猿，第一個走出西奈半島的晚期智人，第一個跨過白令海峽的遠古亞洲人，都是這個樣子。他們的犧牲與堅持，換來了後世人類的榮光。

（圖源：NASA）

福波斯號構想圖

　　秣馬厲兵十五年，1988 年 7 月 7 日，福波斯 1 號從地球出發。5 天後，它的姊妹福波斯 2 號從地球出發。每個福波斯號探測器都包括一個火星軌道器和兩個着陸器，一個着陸器能夠在登陸火衛一表面後移動採樣，相當於火星（火衛一）車，另一個則像維京號一樣定點觀察。在經過十五年積累之後，福波

斯號配備的儀器數量更是驚人，幾乎集此前蘇聯所有火星探測器之大成。最終，每個福波斯號探測器重達 6.2 噸，這是當時人類往深空發射的最重的太空探測器。蘇聯科學家未受此前失敗影響，依然把解決高難度科學問題放在第一位。

然而，福波斯 1 號在出發一個多月後，在 9 月 2 日失聯，消失在茫茫宇宙中。

福波斯 2 號成為蘇聯探測火星的最後希望。幸運的是，福波斯 2 號在 1989 年 1 月 29 日成功抵達火星，進入環繞火星軌道。隨後，福波斯 2 號逐漸調整軌道，逼近目標火衛一。3 月 27 日，它開始對火衛一的細節進行拍照，並逐漸靠近。按照原計劃，福波斯 2 號能夠在距離目標 50 米時，釋放兩個着陸器。

恰在此時，福波斯 2 號與地球的控制中心失聯了！它也許滑入了深空，也許撞在火星表面粉身碎骨了。

福波斯計劃是蘇聯航天最後的輝煌，在成功即將到來時戛然而止，最終以悲劇謝幕。

1991 年 12 月 25 日，蘇聯解體，這一超級航天大國就此消失。失去競爭對手的美國也逐漸失去了繼續探測火星的動力。蘇聯把接力棒交給了後來的俄羅斯。事後證明，這個接力棒猶如詛咒，俄羅斯火星探測的夢魘，也就從那時開始。

正如維京號着陸器拍攝的火星日落一樣，那是一種「偉大的荒涼」。對火星的探測，前無古人，充滿了人類的激情和夢想。在巔峰時刻，火星探測活動卻轉身跌入了昏暗中。火星的回覆一次又一次讓人失望，人類並沒有在那裏找到任何生命的痕跡。

火星的無人探測時代到此告一段落。現在，人類依然是太陽系乃至宇宙中孤獨寂寞的智慧物種。宇宙這麼大，好像還是只有我們自己。

維京號着陸器拍攝的火星日落景象

第三章

差一步，
從月球到火星

（圖源：NASA）

前文講了很多無人探測器，而再精密的儀器都有一個天大的缺點：不能自由活動。軌道器能拍攝到宏觀全貌，卻離火星太遠，無法「明察秋毫」。地面着陸器能看清微觀細節，機動性卻太差，容易「一葉障目」。例如，成功登陸火星的維京號僅僅是立在某處，它並不像今天的火星車一樣能夠跑來跑去。即使可以自由移動的火星車，依然不完美。火星車的運動速度極慢，以厘米／秒計。它選擇的路徑會避開亂石堆這種障礙物，但誰知道會遇到甚麼意外情況？它能夠執行的任務依然有相當的局限性。

如果宇航員能夠到達火星表面，這一切就迎刃而解了。

相比無人項目，任何載人航天項目都需要考慮其中最重要的因素——人。這意味着，載人航天活動的每一步都必須對人提供足夠的保護，不能對人的生命造成危害，必須保證近乎100%的成功率。因此，載人航天項目的難度和成本大大提高。但是，人類的載人航天夢想不會就此卻步。現在人類已經實現了奔月夢想，離奔赴火星就「差一步」了。

不造航空母艦，造登月飛船

在太空競賽早期，美國落後於蘇聯。兩國把載人航天技術水平作為檢驗雙方航天技術實力的絕對風向標。雙方在亞軌道（距離地面 100 公里以內）飛行測試時不分伯仲，蘇聯在載人入軌飛行方面佔得先機，擁有首位男宇航員和女宇航員，完成了首次太空出艙行走，建立了首個空間站，全面領先美國。蘇聯人對航天的熱情可謂瘋狂，加加林和瓦蓮京娜分別在 1961 年

和 1963 年成為人類第一個進入太空的男性和女性。由於技術限制，兩人返回地球時要從返回艙彈出，利用降落傘降落，這種勇氣難以想像！

美國人驚呆了，沒想到剛從「二戰」中恢復過來的蘇聯竟然有如此強大的航天科技和重工業實力。行事謹慎的美國總統約翰‧甘迺迪開始坐立不安，美國人因為擔心蘇聯不可預防的「核武器＋洲際導彈＋天基武器＋太空戰機」的超級武器組合而惶惶不可終日。事後證明，載人飛船和長期派人駐守空間站的做法軍事價值極其有限，可在當時並沒有人敢低估。

(圖源：NASA)

在國會發言支持阿波羅登月計劃的美國總統約翰‧甘迺迪

美國陷入了冷戰期間最焦慮的時刻，載人登月成為雙方競爭的焦點。在這種時代背景下，甘迺迪在 1961 年發表了一系列演講。他表示，選擇去月球，不是因為簡單，而是因為很難。他還承諾，在 1970 年之前，把美國人送上月球，再安全地送回來。人類歷史上投資最大的航天項目阿波羅登月計劃全面啟動，它的投入成本相當於現在的 2,000 億美元！

讓我們舉例來說明。美國海軍目前的主力是十艘尼米茲級

核動力航空母艦，按照如今的幣值，每艘造價是85億美元左右。那個年代的普通航空母艦造價比它低很多。阿波羅登月計劃所花費用可以建造二十餘艘核動力航空母艦，基本可以將美國海軍航空母艦編隊再造一次。海軍對美國的意義自然不必多説。當年在一個航天項目中投入如此鉅資，可以想像需要偌大的勇氣，也冒着很大的風險。

該項目的確遇到了一系列問題，因為地面實驗發生事故，阿波羅1號三名宇航員不幸犧牲，導致飛船幾乎重新設計，開局非常不順利。後來的阿波羅13號發生了氧氣罐爆炸事故，而當時它已經在飛往月球的路上。在只有一線生機的情況下，地面控制人員和宇航員決定繼續利用繞到月球背後的超大橢圓軌道返回地球，從而創造了人類飛離地球的最遠距離紀錄——40萬公里。三位宇航員被迫躲在登月艙中返回地球，最後成功脱險，可謂奇蹟。後來，負責製造登月艙的格魯曼公司還開玩笑説，他們原先生產的登月艙是沒有此項「長途載客」服務的，是不是應該按照出租車的標準來收費？即使按照每公里1美元來計費，算下來也將是幾十萬美元的天價「的士費」。

（圖源：NASA）

登陸月球：個人的一小步，人類的一大步。

1969 年 7 月 20 日，阿波羅 11 號登月艙順利降落在月球表面。尼爾·阿姆斯特朗（Neil Armstrong，香港譯名岩士唐）和巴茲·奧爾德林（Buzz Aldrin）先後走出登月艙踏上月球表面，邁克爾·柯林斯（Michael Collins）留在環繞月球的軌道艙中待命。在那一刻，他們成了全世界最受關注的人。宇航員印在月球表面的腳印，如同 10 萬年前走出非洲的人猿腳印一樣，不僅是人類進步的標誌，更是人類這一物種發生巨大改變的開始。

登月俱樂部拒絕新人

阿波羅登月計劃是一個偉大的項目。從阿波羅 11 號起，美國進行了共計 7 次載人登月嘗試，其中成功 6 次，有 12 人成功登陸月球。不過，實際抵達月球附近的人不止這個數字。每次阿波羅登月計劃乘組都是三人，其中一人負責在月球軌道值守軌道艙，只有另外兩個幸運兒能夠踏上月球表面。此前，還有各種實地測試。例如，1968 年的阿波羅 8 號計劃，三名宇航員完成了人類首次環繞月球的任務，拍下了人類歷史上最著名的照片之一 ——《地出》。1969 年，阿波羅 10 號距離月球表面最近僅15 公里，其主要職責是最後一次全面檢驗登月技術，飛臨阿波羅11 號將要執行任務的區域，測試到底需要多少燃料。每個阿波羅飛船由四個部份組成，每個部份都需要精心設計。阿波羅 10 號的三名宇航員，與登月第一（批）人的榮譽僅「一步之遙」。登月是一個龐大的系統工程，難度極大。對於前文提到的阿波羅 13 號的宇航員來說，能夠活着回來就謝天謝地了。

阿波羅8號拍下的地球從月球表面升起——《地出》。事實上，月球被地球潮汐鎖定，永遠只有一面對着地球，在月球表面不可能看到地球升起。由於飛船是相對月球在飛行，宇航員才有可能拍下這讓人感到無比震撼的場景。

尼爾·阿姆斯特朗
Neil Armstrong

巴茲·奧爾德林
Buzz Aldrin

皮特·康拉德
Charles Conrad

艾倫·賓
Alan Bean

艾倫·謝潑德
Alan Shepard

埃德加·米切爾
Edgar Mitchell

大衛·斯科特
David Scott

詹姆斯·埃爾文
James Irwin

約翰·楊
John Young

查爾斯·杜克
Charles Duke

尤金·賽爾南
Eugene Cernan

哈里森·施密特
Harrison Schmitt

登陸過月球的 12 名宇航員

在阿姆斯特朗成功登月之前，美國唯一的競爭對手蘇聯也竭盡全力嘗試征服月球。在重要的太空行走競爭中，蘇聯宇航員阿列克謝·列昂諾夫（Alexey Leonov）在 1965 年 3 月 18 日成為世界上首個完成出艙行走的宇航員。隨後，美國迅速趕上，阿姆斯特朗在 1 年後駕駛雙子座 8 號飛船成功實現了與另一個航天器（阿金納上面級）的空間交會對接，這也是人類首次完成此類任務。從這個角度說，阿姆斯特朗完全有資格被選為人類登月第一人。

在飛船方面，蘇聯改造的新版聯盟號載人飛船也具有環繞月球飛行的能力，登月方案也論證完畢。然而，對登月需要的重型火箭的研製，蘇聯卻反覆遭遇失敗。美國阿波羅登月計劃使用的火箭土星 5 號是當時世界上有效載荷最大的火箭，而蘇聯的 N-1 運載火箭卻連續四次試射發生爆炸。這種 105 米長、重達 2,800 噸的火箭幾乎都是在飛行初始階段發生爆炸，造成巨大損失。土星 5 號已經雄踞人類最強火箭榜長達 52 年，至今未被超越。

N-1 火箭的不斷失敗導致蘇聯宇航員永遠告別了月球這一舞台，這遠遠不是蘇聯在後來的無人探月方面再一次領先美國能夠彌補的。最終，蘇聯在這場競爭中被美國超越，這對雙方的政治、軍事和經濟影響難以估量。

隨着蘇聯放棄載人登月計劃，美國的阿波羅登月計劃也逐漸被雪藏，後續的 18 － 20 號任務被直接取消了。蘇聯解體後，美國失去了對手，幾十年內再也沒有人有機會加入登月俱樂部了。

核能火箭的野心與哀歌

在努力征服月球的同時，雄心勃勃、手握重金的美國航空航天局自然不會放過人類最有希望征服的另一顆行星——火星。對月球的探測依然沒有走出地月系統，跟載人探測行星的意義不可相提並論。嘗到勝利甜頭的美國人開始了載人探測／登陸火星的計劃。美國那時已經擁有了足夠強大的土星 5 號火箭作為基礎，後來維京號的成功也證明利用降落傘和反推發動機進行降落的有效性。阿波羅載人飛船也被證明是非常成功的，有經過改進來抵禦火星大氣衝擊的空間。只要有更大的投入，美國的科學家相信他們有能力從技術上滿足登陸火星和返回地球的需要。

著名科學家馮·布勞恩是個狂熱的火星迷，他甚至寫了一本書，名叫《火星計劃》（*The Mars Project*）。馮·布勞恩有信心製造出更強大的火箭來完成火星征服任務。他甚至提出用 10 艘近 4,000 噸的巨型飛船組成艦隊前往火星的方案。這個方案顯然極難實現：一艘僅 45 噸的阿波羅飛船，就已經花費高昂，這個火星載人探測方案就算把美國的科研資金燒光也遠遠不夠。以現在的眼光看來，那也是天方夜譚，可見當年航天工程師們的「瘋狂」。

這並不是終點，工程師們總是在思考如何最大限度地利用現有資源。美國後來考慮使用巨大的土星 5 號火箭將一枚用核動力驅動的火箭送入近地軌道，再將兩個小組共計 12 名宇航員及各種補給送入近地軌道。在將各種模塊組合成小型空間站後，這枚核能火箭推動它們完成火星之旅，然後返回地球。雖然最終未必登陸火星，但能載人前往火星也是一個偉大的突破。這

（圖源：NASA）

美國核能火箭發動機在進行測試

個想法比馮・布勞恩的方案「現實」一些，就差一個核能火箭而已。而且，核能火箭的應用顯然不限於火星探測活動，還可以用於其他重載任務。在冷戰時期的軍備競賽中，任何一種新技術都是焦點，蘇聯和美國都推出了核能火箭發動機項目。在失重的工作環境中，這種火箭用核能釋放的巨大熱量加熱液氫，它的比衝遠遠超過普通化學燃料火箭，能夠大大提高推進效率。

1968 年，美國的核能火箭發動機研製工作取得很大進展，已經能夠滿足深空探測的初步需要，載人前往火星的潛力值得進一步挖掘。其實，在人類早期載人航天競爭中，新技術的發展速度是驚人的，遠不是今天能夠想像的。例如：1966 年 3 月，交會對接技術首次被使用，兩年後的阿波羅探月任務每次都需要進行多次航天器對接。阿波羅飛船的登月艙在 1968 年 1 月測試成功，一年後就着陸在月球表面了。阿波羅登月計劃中的月球車更是發展迅速，第一輛月球車在 1971 年 4 月問世，兩個月後阿波羅 15 號宇航員已經開着它在月球上「飆車」了。因此，在核能火箭取得突破後，美國科學家登陸火星的想法近乎瘋狂，征服紅色戰神似乎指日可待。

然而，這個想法至今並沒有實現。相比載人登月，登陸火星的難度要大得多。月球圍繞地球做橢圓運動，地月距離的變化僅在 1 萬公里數量級而已，二者之間的平均距離是 38 萬公里。火星與地球大不相同，兩者之間的距離變化在幾億公里級別。這個距離最遠可以達到 4 億公里，最近也有 5,000 多萬公里。二者每 26 個月才靠近一次，平均距離 2 億公里以上，相距實在太遠！探測月球，只需 3 天即可到達，幾乎隨時可以回來；前往火星，最快也要 6 個月，還要等待窗口期，全程大約需要 3 年。

此外，阿波羅登月計劃的反饋也逐漸令人失望：人類在月

球上幾乎沒有發現任何有實際利用價值的東西。將宇航員送上去，實現工程技術突破，帶回一些月球土壤樣本。宇航員最多開着月球車走走，幾乎沒有新的發現。此時就要考慮技術回報和投資的產出比。同樣的事反覆做，邊際效應遞減，越往後價值越低。月球基本上是一片孤寂的荒漠，既然登陸 6 次還沒有發現更多的有價值的東西，後續還會有甚麼發現呢？蘇聯放棄登月後，對美國而言，連太空競賽帶來的政治宣傳價值都越來越有限了。阿波羅 11 號升空時，萬人空巷，幾乎每台電視機和每台收音機都在報道；阿波羅 17 號升空時恰逢聖誕節，美國人對哪家商店打折更為關心。

在探測火星方面，水手號和維京號幾乎對火星有了全面了解，那裏就是一片荒地，又會有甚麼開發價值呢？蘇聯的火星探測計劃也一直失敗，並沒有能力挑戰美國的領先地位。早期的人類航天項目耗費資源巨大，如果投入不見回報，對於激烈的國與國之間的競爭而言，顯然是賠本買賣。甘迺迪之後的美國政府，尤其是尼克遜政府，外有越南戰爭壓力，內有海量的社保開支壓力，開始大幅削減美國航空航天局與火星探測項目有關的預算，把錢用到別的地方去。

與此同時，在美國阿波羅登月計劃的後期，蘇聯改變思路，在近地空間開發上再次領先美國。蘇聯秘密發射了禮炮 1 號空間站，後續還發射了有很大軍事潛力的禮炮 3 號、禮炮 4 號和禮炮 5 號。蘇聯在 20 世紀 70 年代到 80 年代共計發射了 7 個禮炮空間站。面對蘇聯的壓力，美國只能抽出航天資源發展本國的「天空實驗室」空間站項目，其他重大燒錢項目一概取消。載人登月和登陸火星項目毫無疑問是重災區，幾乎被停止。

後來，由於蘇聯和美國都沒有通過載人航天計劃獲得應有

的軍事回報，相關資金投入驟減。兩國面臨的國內外壓力都很大，軍費開支驟然增加。蘇聯經濟相對較弱，在金星、月球和火星探測上都栽了大觔斗，不願意繼續花冤枉錢。美國在冷戰中奠定了各方面的優勢地位，也沒有必要繼續燒錢發展代價高昂的深空探測技術。於是，美國也想言和。在經過諸多考慮後，1972 年 5 月，美國總統尼克遜訪問蘇聯。經過溝通，雙方終止太空競賽，開始在載人航天領域進行合作。

1975 年 7 月 17 日，在美方三位宇航員、蘇方兩位宇航員的操作下，阿波羅 18 號飛船和聯盟 19 號飛船在地表 200 公里的高度上交會對接成功。在經過 1 天 23 小時的飛行後，二者各自返回地球，這就是歷史上著名的「聯盟——阿波羅測試計劃」。

（圖源：NASA）

1972 年，美國總統尼克遜訪問蘇聯。

這次行動標誌着人類航天事業進入和平發展時代，成功為未來的太空穿梭機與和平號空間站交會對接，還有國際空間站項目的合作打下了基礎。

「聯盟——阿波羅測試計劃」構想圖。
美蘇的這次合作奠定了後續幾十年廣泛的國際合作基礎。

　　但是，這也意味着火星載人探測項目基本沒有復蘇的希望了。

　　當然，這種狀況並非全是由政治決策和硬件問題造成的，無法解決的深空探測對宇航員健康的影響，也是重要的考慮因素。相比登月僅一周的飛行活動而言，載人探測火星要大約 3 年時間，趁兩次地球和火星靠近的窗口期完成。這對人類身體的承受力帶來巨大考驗，宇宙輻射、數年飲食和呼吸、長期失重、孤獨，甚至核能發動機對人體的影響，都是載人登月計劃無法比擬的。這些都需要深入進行研究。而載人登陸火星的難度遠遠大於無人着陸器，宇航員還要克服火星引力，重新進入太空。這在當時的技術下很難實現，損失宇航員生命的後果不堪設想。

各方在 1975 年後逐漸放棄了火星探測活動，月球距離火星的一步重新變成了巨大的鴻溝。

2000 億美元投入，50 年回報

　　時至今日，人類沒有實現從載人登陸月球到載人登陸火星的跨越，但阿波羅登月計劃的意義依然巨大。它把人類航天技術推上了頂峰，也極大地影響了冷戰格局。從 1972 年到 2019 年，自從美國之外唯一有可能登月的蘇聯解體，再也沒有第二個國家短期內有實現載人登月壯舉的希望。即使有中國、印度、日本和歐洲國家提出登月計劃，也把時間放在了 2030 年以後，與阿波羅飛船登月的時間差了至少一個甲子。

　　關於阿波羅登月計劃，有個著名的玩笑：「宇航員前往月球，好像划着洗衣盆漂過大西洋。」20 世紀 60 年代還沒有現在這樣先進的電腦技術，那時航天器的計算能力還不如現在的一個高級計算器，和手機甚至普通電腦的計算能力完全沒法相比。但是，它創造的航天技術和系統工程的高度是驚人的，如同一個高高的天花板，等着世界各國去超越。與此同時，在完成登月計劃之後，由此創造和積累的技術被反饋給美國的高科技產業。

　　阿波羅登月計劃的一個直接結果是：美國航空航天局成為當代人類航天探索事業的領跑者，其最重要的三大中心都是因為該計劃而建立的。1960 年建立的馬歇爾空間飛行中心目前是美國航空航天局最大的綜合中心，1961 年建立的林登·約翰遜航天中心是控制中心，1962 年建立的甘迺迪航天中心是航天器

測試中心。到目前為止，美國航空航天局幾乎探測過太陽系內所有的星球類型（恒星、行星、衛星、小行星、彗星、矮行星），遠遠領先於其他國家。

很多美國公司在阿波羅登月計劃的天量投資中分到一杯羹，得以快速增長。在阿波羅登月計劃中，製造飛船指令艙的羅克韋爾曾是世界500強企業中排名第27位的大型高科技公司；製造登月艙的格魯曼曾是美國海軍最大艦載機的供應商，後成為航天軍工巨頭諾格。在登月計劃使用的土星5號火箭方面，製造逃逸塔的洛歇是世界上最大的防務公司；製造火箭結構的

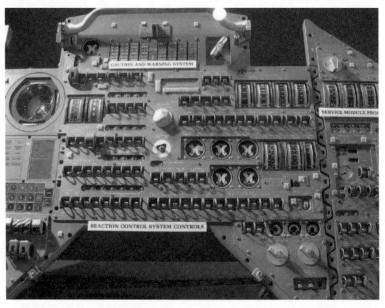

（圖源：NASA）

50年前，美國宇航員就是用這樣的機械面板控制阿波羅飛船的。

波音是排名世界第二的防務公司，也是全球最大的航空製造公司；製造火箭發動機的洛克達因是世界上最大的火箭發動機公司。這些大型防務企業的存在，也是美國保有自身強勢地位的利器。

在商業方面，IBM 依靠為阿波羅登月計劃提供控制和計算設備而獲得了飛速發展，摩托羅拉為阿波羅登月計劃提供通訊設備。在集成電路、芯片和電腦行業起步階段，阿波羅登月計劃及相關研究大大促進了它們的發展，使美國公司建立了領先地位。

與此同時，美國理工科大學得到了快速的發展，大量人才儲備成為高科技行業發展的保障。

阿波羅登月計劃的實施推動了美國甚至全世界更快進入信息化時代。相當於如今 2,000 億美元的花費，在當時看起來非常不值，但隨着時間推移，其帶來的後續經濟收益遠遠超過這個數字。

如果蘇聯繼續保持強大的國力，哪怕是在火星探測領域取得較大的成功，雙方都會繼續競爭。美蘇雙方也許會合作完成載人探測火星甚至登陸火星的計劃，當代的人類社會也許會截然不同。

這不知道是應該讓人感到遺憾，還是欣慰。

遺憾在於，一直沒有人類登陸火星。

欣慰在於，我們也許有機會見證人類登陸火星。

（圖源：NASA）

第四章

火星探測重新開啟

20 世紀 80 年代後，在阿波羅登月計劃中得到發展的各個行業相繼崛起。電子計算機、芯片、集成電路、通訊行業等改變了人們的生活，社會生產力大大提高。但是，隨着邊際效應的遞減，進入新時代，政治家和科學家們在隱隱思考人類發展的未來究竟在哪裏。

生產力越高，人的需求也就越高。地球之外，宇宙是無窮的。

人類的第三次歷史機遇

時間賦予了人們更多的思考，回過頭看，人類進入文明時代後有過兩次重大的歷史發展機遇。

第一次是大航海時代。鄂圖曼土耳其帝國中斷了從東方到歐洲的絲綢之路，地中海周邊國家在壓力下需要開闢新路徑前往東方。1487 年，葡萄牙航海家探索到非洲「風暴角」（後改名為「好望角」）。在此後數百年內，葡萄牙、西班牙、荷蘭、法國、英國相繼崛起，成為世界大國，它們控制了世界的經濟命脈，海上貿易成為商業核心。

第二次是「全球化」時代。隨着第二次工業革命的進行，在海運之外，公路、鐵路、高速公路迅速發展，物流和經濟交流速度大大提高，後發的工業國家開始崛起。這些國家對已有的強國發起了挑戰。美國、俄羅斯、德國、日本紛紛崛起，成為工業強國，甚至主導了第二次世界大戰後的國際格局。隨着經濟快速發展，各國消費市場快速崛起，對外貿易增加，世界進入「地球村」時代。

無論海洋還是陸地，這些國家的崛起很大程度上依靠交通工具的發展，船舶、汽車、火車和飛機等工具極大地提升了人類交通的便利。然而，這些競爭都只局限於小小的地球。按照光速，只需 0.13 秒，我們就可以圍繞地球轉一圈。在冷戰的壓力下，對立雙方爭相征服頭頂那片天空。蘇聯和美國競爭如何將人類送到光速 1.3 秒後能夠抵達的地方——月球，也將無人探測器送到了光速 3 - 22 分鐘才能抵達的火星表面。

（圖源：NASA）

穿梭機和國際空間站成為阿波羅登月計劃的後繼者，兩個項目幾十年內都花費了超過今天幣值 2,000 億美元的巨額資金。

　　20 世紀 70 年代，因為太空競賽，兩個國家消耗了太多元氣，取得的成果只是探測荒漠般的月球、金星和火星表面。失望的人類把焦點轉回近地空間。一眨眼二十幾年過去了，積累的技術已經被日漸消化，主要發達國家已經進入後工業化時代。自然界與人類的衝突隨着地球人口的暴增而變得日趨激烈。在

技術無法快速進步的情況下，越演越烈的競爭導致了嚴重的環境污染、能源危機和糧食危機等一系列嚴重的問題，地區衝突此起彼伏。

與此同時，太空望遠鏡和其他深空探測任務的發現，讓人類真正體會到了自身乃至地球和太陽系的渺小。1990 年升空的哈勃太空望遠鏡（Hubble Space Telescope）大大顛覆了人類對宇宙的認識，人類走向深空的想法越發強烈。這既是在為人類再次提高生產力進行技術積累，也是在為未來的人類尋找一個落腳點。廣袤的宇宙是無窮的，宇宙的資源也是無窮的。人類在 2013 年認識的宇宙就足以讓光在任何方向走上 465 億年，相比而言，地球太微不足道了。在新時代，航天器會成為人類進軍太空的新工具嗎？第三次人類的發展機遇會是「大航天時代」嗎？

20 世紀末，美國建立了航天技術領先優勢，航天發展政策開始出現變化，美國航空航天局將側重點逐漸放在科學研究上面。與此同時，作為邁出地月系統的第一步，載人登陸火星再次進入人類視野。先前的研究結論告訴人類火星只是一個毫無生機的星球，但新一代科學家仍想發射更先進的探測器去火星，去近距離研究，載人登陸火星的方案被再次提出。

對人類而言，火星依然是太陽系甚至整個宇宙最應該邁出的下一步。

新的火星探索時代來了！

渴望打頭陣前往火星的是美國的「火星觀察者號」（Mars Observer）探測衛星，它在 1992 年 9 月起飛，在次年 8 月抵達火星附近。相比之前的無人探測器，火星觀察者號無疑是最先進的。它攜帶了高清廣角相機、激光測高儀、熱輻射光譜儀、

火星觀察者號構想圖

紅外線輻射計、磁場和電子探測儀、伽馬射線探測儀等一系列
先進設備，可以對火星大氣、地表、重力場和磁場進行全方位
研究，其重量達到了 1 噸。

　　然而，就在已經看到火星，即將在 3 天後進入環繞火星軌
道時，火星觀察者號與地球失去了聯繫。科學家嘗試用各種方
法與它恢復聯繫，均沒有成功。這個花費超過 8 億美元的大項
目最終宣告失敗。

　　開局非常不利！正如蘇聯和美國早期的火星探測器一樣，
儘管失敗，火星觀察者號卻開啟了一個嶄新的時代，引領了一
個新的火星探測浪潮。

全球勘探者：巨大成功

悲傷的開局並未讓再次燃起熱情的美國科學家氣餒，他們很快總結經驗教訓，準備下一個任務。1996 年 11 月 7 日，「火星全球勘探者號」（Mars Global Surveyor）趕在又一個火星探測窗口期成功升空。它攜帶的儀器不如火星觀察者號那樣全面，但足以完成對火星大氣、地表、重力場和磁場的研究。它的造價也相對低廉，製造和發射的預算僅在 2 億美元左右。

1997 年 9 月 12 日，在太陽系遨遊 300 天、飛過 7.5 億公里之後，火星全球勘探者號順利抵達火星附近，成功變軌，進入環繞火星軌道。正像此前的軌道器一樣，它必須首先進入超大橢圓軌道。這意味着只有在極其有限的時間內，它才處於理想的觀測火星的距離。為進入距離火星表面更近的圓形軌道，獲得更好的觀測效果，它採取了聽起來簡單卻極難實現的「空氣剎車」方式：橢圓軌道離火星最近處與火星之間的距離約110 公里，這裏已經處於火星大氣層內。探測器利用與火星稀薄的大氣摩擦產生的阻力來「剎車」，降低「遠火點」，逐漸把軌道「修圓」。

這個想法是驚人的。一方面，這種技術可以大幅降低推進系統對燃料的消耗，否則探測器重量、儀器安裝空間和對發射火箭的要求等會使任務難度大大提高。另一方面，這也意味着巨大的風險：如果不能準確控制軌道，火星大氣會對探測器造成過大阻力，甚至吞沒它。

以地球附近航天器為例，在缺乏動力的情況下，飛在距地球表面 200 公里的軌道上，就不可避免地會墜落，更何況這個空氣剎車過程發生在距離地球數億公里遠的火星！

猶如刀尖上的舞者一般，火星全球勘探者號成功實踐了這項技術，而空氣剎車過程實際持續了兩年多！它最終運行在距地表 378 公里高的環繞火星圓形軌道上，選擇了獨特的 93 度傾角軌道。這是一條太陽同步軌道，當探測器飛越地表每一點時，當地時間都是固定的。以地球上的情況為例，假設一顆太陽同步軌道衛星自南向北飛過北京時總是北京時間中午 12 點，而飛過倫敦的時間是當地上午 10 點，這意味着（通過軌道設計）它遇上的是當地最好的光照情況，各種光學儀器都能夠正常工作。同時，這個軌道也利於太陽能電池板接收能量，提高儀器工作效率。

不過也有意外情況，火星全球勘探者號的太陽能電池板在空氣剎車過程中被「吹彎」了。火星全球勘探者號配備了兩個巨大的太陽能電池板，每個 3.5 米長、1.9 米寬，加在一起猶如一間臥室那樣大。太陽能電池板是雙面的，實際使用面積還要加倍。更嚴重的是，在變軌過程中，一面太陽能電池板出現故障，失去了工作能力，所幸經過調整後沒有造成惡劣影響。在數年工作過程中，這對太陽能電池板為探測器提供源源不斷的能量，三面正常工作的總功率在 667 瓦特左右（原計劃四面，980 瓦特）。這個功率連地球上一個普通微波爐都不如，而其持續不斷保持這個水平，讓火星探測器工作長達 10 年之久！

火星全球勘探者號從地球出發到真正進入工作軌道花費了三年多時間，然後在軌工作六年，帶給科學家的成果是驚人的。它首次拍下了火星的清晰全貌，繪製了火星全球地圖，實現了天文學家千百年來的夢想。火星地圖也具有了前所未有的分辨率（1.5－12 米），可以看清楚很多之前用理論沒有推測到的細節。它帶來的火星全球地形圖，成為後來研究火星的必備參考資料。

火星全球勘探者號

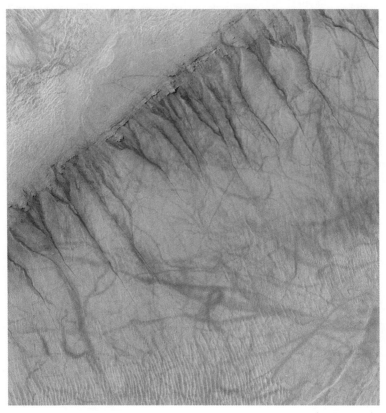

在凱撒火山口邊緣發現的類似沖溝地貌

　　火星全球勘探者號看到了火山口、高山與平原交界處存在的大量類似沖溝的痕跡，這可能是液態鹵水流動導致的。這些沖溝的形成時間非常短，或許僅以萬年計。一些非常陡峭的懸崖和斜坡則是冰川曾經存在過的痕跡。有些區域的氧化鐵含量明顯偏高，這是液態水曾經匯集的地方。這好比地球陸地上的鹽湖、鹽礦，但是已經完全沒有水份存在，是水份蒸乾後的遺跡。就好像地球上廣袤的青藏高原，看似世界屋脊，星羅棋佈

的鹽湖和海洋生物化石卻告訴大家，這裏曾經是海洋。在火星上，兩極冰蓋也在隨着季節發生變化。它們表面是乾冰，底部卻是真實的水冰。在火星中緯度地區的撞擊坑中也有水冰痕跡。火星全球勘探者號甚至發現了龍捲風，證明火星表面的大氣並不簡單，存在複雜的氣候現象。

火星全球勘探者號配備的儀器還能夠幫助進行火星淺層地殼基本結構的研究，特別是在火星北半球研究中起了關鍵作用。科學家發現，北半球地下淺層有和南半球類似密度的隕石撞擊坑，只是被掩埋了起來。這更加印證了火星北半球可能發生過時代比較近的巨大地質災難的可能性，熔岩猶如大海淹沒了一切，這或許就是火星的世界末日。或許就是這次巨大的災難，完全改變了火星。

與 20 年前的維京計劃的研究成果做對比，全球勘探者計劃發現火星還在繼續變冷，這意味着火星大氣還在進一步流失、內部還在進一步冷卻，生物生存條件還在進一步變差。科學家先前已經從理論上推測出了這種結果，但人們還是為之感到惋惜：在地球人還沒有探測火星之前，火星已經失去了作為人類宜居家園的可能性。然而，水曾經存在的證據和水冰的直接發現，還是給人們帶來巨大的希望。

在火星全球勘探者號工作期間，美國陸續發射了一系列探測器抵達火星。火星全球勘探者號幫助它們確定姿態、着陸地點，輔助傳遞數據，監視它們的工作狀態，遠遠超出了原定的工作目標。它先後為火星探路者號（旅居者號火星車）、火星奧德賽號、火星快車號、勇氣號火星車、機遇號火星車、火星偵察軌道器等一系列探測計劃提供服務。它彷彿一座燈塔，指引着一批又一批前往火星的後來者。

火星全球勘探者號原計劃工作時間僅一年。2006 年 11 月，在超期服役 5 年多後，它最終失去了與地球的聯繫。地面工作人員發送了兩個錯誤的參數，導致它在調整太陽能帆板時出現了軟件故障。另外，它的工作狀態一日不如一日，猶如進入暮年。新一代探測器火星偵察軌道器想給它拍照，向地球控制中心彙報這位老前輩的情況，但人們最終並未與它恢復聯繫。

　　如今，雖然火星全球勘探者號依然按照原有軌道在火星上空飛行，但是它已經不再工作。像很多前輩一樣，它也成為一座豐碑。

　　根據目前的狀態，預計在 2050 年前後，火星全球勘探者號將墜入火星，擁抱那顆它凝視了幾十年的紅色星球，永遠長眠在那裏。

（圖源：NASA）

火星快車在 2003 年抵達火星，火星全球勘探者號為它拍攝了一張照片。

旅居者：第一輛火星車

　　新時代需要對探測任務進行升級。維京計劃帶來的巨大成功讓科學家們興奮不已，他們自然也要嘗試對登陸火星活動進行升級。21 世紀以來的火星研究進展，證明了這個決策的巨大成功。着陸器，尤其是火星車的出現，能夠大大補充軌道器在高空得到的信息，獲得詳細的火星地面細節，二者共同提供了今天人類掌握的有關火星的全部信息。

　　新時代的先行者就是 1996 年 12 月 4 日出發的火星探路者號着陸器和旅居者號火星車。

（圖源：NASA）

旅居者號火星車

　　這兩個火星探測器的命名比較有意思。前文介紹過，維京號發現的火星「人臉」和阿波羅登月計劃陰謀論等大大增加了公眾對航天活動的興趣，對美國航空航天局的發展有「意想不到」的好處。進入新時代，美國航空航天局大大加強科普宣傳工作，引導民眾接受正確的知識，其中一個典型方法就是吸引全民參與。美國航空航天局舉辦全國小學生作文／起名大賽為火星車命名，以這種近似廣告的方式拉近與民眾之間的距離。作為人類的首輛火星車，旅居者號的名字是一位 12 歲小孩起的。他使用了美國 19 世紀著名女權運動領導者索傑納·特魯斯（Sojourner Truth）的名字，而「Sojourner」也恰好是旅居者的意思。

　　「探路者」本身就有探測火星的寓意。在探路者號成功登陸火星後，作為一個不能移動的着陸器，它獲得了新的名字——

「卡爾‧薩根紀念號」。美國航空航天局用它來紀念剛剛去世的著名天文學家、科普作家卡爾‧薩根（Carl Sagan）博士。薩根博士是 20 世紀 60 年代到 80 年代世界著名的科普作家，有無與倫比的公眾影響力。兩個旅行者號攜帶的人類信息金盤，就是由他主持設計的。

（圖源：NASA）

早在維京號登陸火星時，卡爾‧薩根就已經是世界著名的天文學家和科普作家。

　　對探路者號着陸器而言，它的主要任務是測試新的火星着陸技術，研究火星地表基本成份和大氣環境，同時釋放人類第一輛火星車。不同於兩個維京號和蘇聯火星 2 號等探測器的直接火箭反推着陸方案，探路者號採用了火箭反推和氣囊彈跳減速結合的方案進行着陸。探路者號在安穩着陸後，便會釋放小火星車旅居者號，和中國嫦娥着陸器成功登陸月球後釋放玉兔月球車一樣。

（圖源：NASA）

旅居者號火星車被釋放後，「回頭」為探路者號拍了一張照片。
照片顯示，氣囊打開後圍繞着探路者號。

　　總體而言，這個項目主要是進一步驗證火星降落技術，以及對新技術進行實驗，並未攜帶過多的複雜儀器，以研究火星大氣、土壤構成和淺層地表結構為主。為避免風險，這一項目的花費比後來的着陸計劃低很多，連維京計劃的十分之一都不到。探路者號的研發、製造、發射、運行的花費共計 2.8 億美元（1997），可謂性價比極高。最重要的是，它成功了！

（圖源：NASA）

探路者號降落火星後拍攝的照片，可以看到小小的旅居者號正在研究一塊石頭。

由於成本低廉，這個項目對探測器的要求也不高。按照原定計劃，探路者號僅需在火星地表工作 7 － 30 天即可，沒想到它在那裏竟然順利工作了三個月之久。在此期間，重量僅 10.5 公斤的旅居者號離開它，在附近探測了約 100 米遠的區域。除攝像設備外，旅居者號火星車還攜帶了一個小型 X 射線光譜儀和材料檢測儀，用來檢測岩石的基本成份。

總重達 890 公斤（含降落階段使用燃料）的探路者號着陸器僅靠太陽能電池板供應能量，功率只有 35 瓦特。小小的旅居者號功率只有 13 瓦特，連普通家用燈泡都不如，能堅持這麼久確實不易。小小的旅居者號不負眾望，發現火星土壤中存在大部份地球土壤所含元素，與此前兩個維京號的研究結論基本一致。火星土壤中氫元素的成份僅 0.1%，這意味着暴露在太陽輻射下的火星地表已經失去了絕大部份的氫，極其乾燥。同時，一些石頭呈現出明顯的火山噴發後的熔化重塑痕跡，説明這裏曾有過複雜的地質運動，而偶爾出現的奇怪石頭可能來自水流的搬運。氧化鐵在火星沙塵中廣泛存在，也進一步證實了此前的研究結果，不少石頭有被火星稀薄的大氣緩慢風化的痕跡。

另外，探路者號進一步提升了火星着陸技術，特別是為未來大型火星車的着陸提供了技術參考。電影《火星救援》也向這個火星探測計劃致敬，男主角能夠跟地球取得聯繫，在火星倖存，很重要的原因就在於他把探路者號挖了出來，與地球成功通訊，這才創造了後續的奇蹟。主人公還挖出了用來保溫的鈈 -238 放射性同位素熱源，這種熱源跟前文提到的核電池略有區別，僅用來保暖。在電影中，主人公把熱源簡單包起來就成了「暖氣片」。也許有人會擔心核輻射的風險。事實上，鈈 -238 只會釋放阿爾法粒子，其穿透性極弱，容易被擋住，而熱量可

以安全傳導。這部電影源於硬科幻作家安迪·威爾的同名小説，作者對科學技術細節的用心令人嘆服。

90 年代末：禍不單行

中國有句老話：「福無雙至，禍不單行。」

一次成功，並不意味着下一次也會成功；一次失敗，卻總是伴隨着更多的失敗。就像墨菲定律一樣，人們最不希望發生的事情總會發生。在這一波火星探測浪潮中，打頭陣的美國火星觀察者號失敗了。火星全球勘探者號挽回了一些顏面，隨後的俄羅斯「火星 96」探測器項目是人類探測火星過程中的又一個巨大失敗。沒錯，新時代的俄羅斯繼續着蘇聯探測火星失敗的噩夢。

1996 年，俄羅斯繼承蘇聯的衣鉢，嘗試登陸火星。按照慣例，俄羅斯派出了史無前例的大傢伙——「火星 96」探測器，重達 6.2 噸！這是當時最複雜的火星探測任務，探測器配備的科學儀器數量驚人。

「火星 96」探測器分為下面三個部份：

第一，軌道器，配備 26 種科學儀器，可以繪製多光譜／頻譜火星地圖，研究火星磁場、大氣結構、火星附近太陽風和宇宙輻射等，儀器數量前所未有。

第二，着陸器，配備 8 種科學儀器，可以研究火星土壤結構、地表與地下溫度和地質情況等，比同年發射的火星探路者號複雜很多。

第三，表面穿透器。這個類似火箭的東西可以從軌道器直

（圖源：NASA）

「火星 96」探測器在進行組裝

接「發射」，飛向火星，在降落過程中分成兩個部份：一部份是科學儀器，用降落傘減速；一部份逕直探進火星土壤，在理論上能夠深入 10 米，對研究火星地表以下土壤和岩石結構，意義非凡。這個穿透器體現了火星探測活動前所未有的新技術。

「火星 96」探測器還為火星帶去了地球人的禮物——一張 CD 光盤，裏面錄有人類著名小說（尤其是關於火星的科幻小說）和音樂等藝術作品。它的科普宣傳意義極大，顯然俄羅斯是要證明自己的航天實力。

然而，這個頗具雄心的探測器在發射階段就遭遇不測。1996 年 11 月 16 日，火箭剛剛把探測器推送到近地軌道、準備變軌飛向火星時，發動機出現了故障。這個肩負着偉大使命的探測器剛剛脫離地球引力，就很快又被拽了回去，焚毀在地球大氣中。

這次失敗極大地打擊了新時代的俄羅斯對火星探索的積極性，從此長期離開了與美國的競爭舞台。

從「火星 96」探測器開始，火星探測的超級夢魘又開始了。

在兩年後的火星探測窗口期，相繼有三個探測器升空。1998 年 7 月 3 日，日本首個火星探測器「希望號」升空，這也是亞洲首個火星探測器。這是一個 540 公斤重的小型探測器，需要藉助複雜的月—地引力助推方式才能抵達火星。希望號在太空中旅行 5 年後，2003 年 12 月最終入軌失敗，結束了自己的使命。

在火星探路者號和旅居者號火星車成功之後，美國又很快派出火星極地登陸者號前往火星，着陸目標是火星南極，並且配備了深度空間撞擊器。這個撞擊器的任務類似俄羅斯的「火星 96」探測器：研究火星土壤深層結構。這個探測器飛行了 11

個月，1999 年 12 月 3 日抵達火星，在降落到距離火星南極僅 40 米高度時發生故障。小型火箭發動機停止反推工作，探測器在火星引力作用下墜毀。撞擊器在撞擊火星地面後和地球完全失去了聯繫。

　　隨後發生的另一個意外，則成為美國航空航天局在歷史上犯下的最低級的錯誤，讓其公信力降到了低點。

（圖源：NASA）

美國航空航天局的經典科普宣傳畫面，極地登陸者號在火星南極仰望星空。實際上，極地登陸者號在火星上摔得粉身碎骨。

火星氣候探測者：粗心大意有多傷

　　1998 年 12 月 11 日，花費 3.3 億美元的火星氣候探測者號升空飛往火星。正如它的名字一樣，這個小型探測器（近 638 公斤）的核心任務是研究火星表面大氣和火星氣候的演化，以及全面探測火星水資源（水蒸氣、冰、地下水）。

　　1999 年 9 月 7 日，火星氣候探測者號終於抵達火星附近。探測器打開相機拍下了第一張火星照片，證明一切正常。

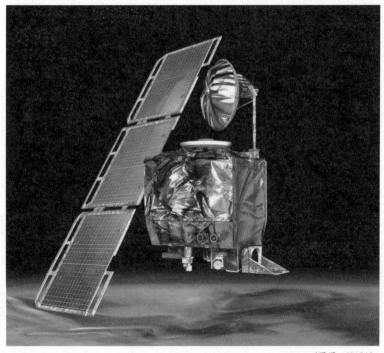

（圖源：NASA）

火星氣候探測者號

（圖源：NASA）

火星氣候探測者號拍下的唯一照片

9 月 23 日，火星氣候探測者號正式抵達火星，開始減速，準備進入環繞火星軌道，依舊採取的是空氣剎車技術。負責整體開發的美國航空航天局噴氣推進實驗室（JPL）和負責生產製造推進系統的洛歇‧馬丁公司開始合作調整軌道。

在調整軌道過程中，探測器突然失去聯繫，任務宣告失敗。

經過調查，發現問題由一個極小的失誤造成：洛歇‧馬丁公司在製造探測器時將導航軟件的計算單位設置為公制，而噴氣推進實驗室的工作人員在地面操縱時卻將公制單位數據當作英制單位數據來使用。我們要知道英制與公制的差距不小。

更為嚴重的是，工作人員按照英制單位給飛行控制軟件下達命令，反饋回的信息又被不同的人理解為不同的單位。就這樣錯上加錯，探測器在有十幾分鐘信號延遲的情況下錯誤進行

機動調整。這樣做的直接後果是，探測器入軌的軌道最低處距離火星只有 57 公里。雖然火星大氣比較稀薄，但探測器飛行高度低於 80 公里時會對其造成較大摩擦，甚至永久性傷害。於是，這個讓科學家信心滿滿的探測器就這樣遺憾地墜毀在火星大氣裏。前文提到的極地登陸者號也是研究火星大氣項目的另一個重要成員，兩個探測器在同一個火星探測窗口期出發，不幸全部遇難。

在考試時，不寫清楚單位就要扣分或不得分，這是很簡單的道理。

「氣候探測者號事件」被稱為美國航空航天局歷史上最低級的失誤，事後各方進行了深刻反省。美國航空航天局建立了一套機制，預防此類事件再次發生。

這樣，20 世紀最後幾年的火星探測活動都以失敗告終，讓人痛心不已。不管怎樣，失敗是成功之母，人類畢竟在短短幾十年內完成了對火星真容從無到有的研究。反覆經歷高潮和低谷，科學界在此期間儲備的技術已經能夠完美用於新世紀的火星探測任務中。

新世紀的曙光，孕育着人類征服火星的完美時代！

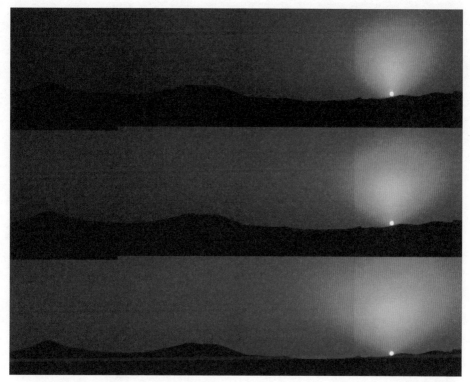

（圖源：NASA）

探路者號在火星表面拍下的太陽場景。這些美麗的照片，
掀起了人類探測火星的又一波高潮。

（圖源：NASA）

第五章

21 世紀的輝煌

20 世紀最後幾年，人類的火星探測活動接連遭遇重大挫折。俄羅斯「火星 96」、日本希望號和美國火星氣候探測者號、火星極地登陸者號探測器，失敗得越發慘烈。隨着新世紀鐘聲的敲響，人類文明迎來了又一個千年。繼美國、蘇聯 / 俄羅斯、日本之後，很多國家相繼開始了自己的火星探測活動。事實證明，人類最終會走出陰霾，迎來前所未有的燦爛輝煌。

多國探測器駐紮火星上空

進入 21 世紀，在僅僅十幾年中的幾個火星探測窗口期，不同探測器爭先恐後將腳步踏上火星，人類迎來嶄新的火星探測時代。

奧德賽號：火星探測老兵

1968 年，美國上映了一部曾奪得北美最高票房、奧斯卡最佳視覺效果獎的科幻電影——《2001：太空漫遊》（*2001: A Space Odyssey*）。這部電影是根據 20 世紀著名科幻小説作家亞瑟·克拉克的小説改編而來的。實際上，這部電影的中文譯名少了一個最重要的名詞——奧德賽（Odyssey），電影的中文名字應該叫作《2001：奧德賽太空漫遊》才對。奧德賽是《荷馬史詩》中著名的英雄人物，在受到海神波塞冬的懲罰後歷盡千辛萬苦回到家園，具有不屈不撓、不畏艱險的探索精神。

新世紀的第一個火星探測任務以「奧德賽」命名的原因也是如此：一方面，這一任務時間是 2001 年，恰好符合 33 年前上映的電影對未來時間的設定，任務名稱與深入人心的電影情

節契合，利於引人關注；另一方面，英雄奧德賽在經歷重大挫折後崛起，與 20 世紀 90 年代末人類火星探測事業遭遇重大挫折後渴望重新突破的情況相似。科學家們希望奧德賽號探測器能夠重振人類的信心。

這裏還有一個小插曲，奧德賽是克拉克小說的名稱，受版權保護，美國航空航天局並不能直接使用。美國航空航天局特意聯繫克拉克，商量關於奧德賽名字的授權問題，克拉克欣然同意，表示可以隨意使用。不過，應該沒有作者會拒絕這個用自己小說名稱命名太空探測器的莫大榮耀。

2001 年 4 月 7 日，奧德賽號火星探測器帶着人類的期望，隨德爾塔 -2 型火箭拔地而起。有前車之鑒，也是承前啟後，奧

（圖源：NASA）

已經工作 18 年的奧德賽號依然沒有退休

德賽號配備的科學儀器並不多，主要是熱輻射成像系統、伽馬射線光譜探測儀和火星環境輻射探測儀等，用以整體分析火星的基本情況。它還配備了各種通訊設備，為未來的火星車和地球通訊提供重要的中繼服務。

奧德賽號取得了豐碩的成果，最重要的是在火星上發現了水廣泛存在的線索。藉助探測儀器，它發現了氫元素在火星地下大量存在的事實，尤其是在火星兩極底部、奧林匹斯山山坡。火星空氣中的氫元素含量甚至有週期性變化。氫原子可以來自很多物質，但水是最有可能的來源，這證明火星上可能有大量水冰存在。後來的鳳凰號着陸器在火星北極附近地下發現水冰，這個發現極大地振奮了科學家。

那時已經暫緩進行火星探測活動的俄羅斯首次和美國進行深度合作：在奧德賽號配備的最重要的伽馬射線光譜探測儀中，高能中子偵測器由俄羅斯製造，正是這個偵測器發現了水。奧德賽號標誌着兩個航天大國在探測火星活動中開始進行合作。

當然，奧德賽號更重要的使命是作為未來的地面着陸器和火星車的信號中繼站，相當於火星上空的一個信號基站。奧德賽號對後來的幾個重要的火星登陸活動的成功起到巨大作用，它為勇氣號火星車、機遇號火星車、鳳凰號着陸器、好奇號火星車提供着陸點篩查資訊，也為它們傳遞資訊起到重要作用。勇氣號火星車和機遇號火星車超過 80% 的數據是由奧德賽號傳回地球的。

奧德賽號相當於全球勘探者號的接班人，甚至採用和前輩一樣的空氣刹車技術進入火星軌道，這是一個高度為 400 公里左右的圓形軌道。它和全球勘探者號一樣超期服役，可謂高壽。從 2001 年 10 月 24 日進入火星軌道，直到 2019 年，雖然所帶

儀器已經有兩個無法使用，但它依然保持工作狀態，主要負責傳遞數據。美國航空航天局預測它能夠繼續工作到 2025 年左右。

（圖源：NASA）

奧德賽號拍下的蓋爾撞擊坑細節，是好奇號火星車降落此處的重要參考。

　　隨着時間推移，奧德賽號一定會漸漸隱去。作為歷史上最不可思議的火星探測軌道器，所有人都希望它能夠長壽。

火星快車：歐洲探測器踏上火星

　　1975 年，歐洲 22 個國家聯合組建了歐洲航天局（ESA），後逐漸發展成為世界上排名第二的航天科研機構，也是僅次於美國航空航天局的航天科研機構。由於集中了歐洲國家的航天實力，歐洲航天局不容小覷，在科學領域的建樹更是亮點頻出。

　　在 21 世紀初人類航天活動重新恢復熱度的時代，歐洲航天

局自然也開始計劃進行地月系統之外的深空探測任務，其首個計劃就是「火星快車」。火星快車得名於 2003 年 6 月的發射窗口，發射幾個月後是 6 萬年來火星與地球之間最近的時候，這一機會千載難逢，探測器只需半年左右即可抵達火星（6 月 2 日出發，12 月 25 日抵達），猶如快車一般。

在此之前，美國、蘇聯 / 俄羅斯、日本的探測活動遭遇過太多失敗，而且沒有國家能夠探測火星首戰告捷。進行第一次火星探測的歐洲人沒有把所有雞蛋放在一個籃子裏，這個探測器的預算也相對較少，僅 3.5 億美元左右。為節省成本，火星快車和歐洲航天局的另外兩個重要任務——探測彗星的羅塞塔號、探測金星的金星快車，使用基本相同的衛星平台。火星快車低成本、多功能，搭載了英國主要負責研發的小獵犬 2 號火星着陸器。小獵犬 2 號的名字來源於偉大的生物學家達爾文在研究物種起源時乘坐過的帆船。由此可知，歐洲人對這次任務充滿期待。

同時，通過資助俄羅斯科學家和使用俄羅斯運載火箭，歐洲航天局換取了俄羅斯失敗的「火星 96」探測器項目儀器設計方案做參考，從而實現了雙贏：一方面為不斷受挫的俄羅斯科學家雪中送炭，另一方面夯實了歐洲國家和俄羅斯在航天領域合作的基礎。在英國，小獵犬 2 號這個價值 1.2 億美元的項目有三分之二經費來自政府之外的私人贊助，性價比極高。在科學研究方面，火星快車主要用於繪製火星表面的高清地圖，以及研究火星大氣成份和全球大氣循環。以意大利、法國、德國、瑞典和英國為主的歐洲國家設計製造了更加先進的儀器。

飛行在火星上空的火星快車和原計劃降落在火星表面的小獵犬 2 號構想圖

讓人吃驚的是，這個花費並不昂貴的探測器取得了驚人的成績。火星快車最大的成果就是對水的發現，印證了之前美國探測器的初步發現，記錄了更多細節。利用光學與紅外礦物光譜儀，它發現火星兩極冰蓋中蘊藏的純淨水冰是天量資源，南北極冠中的水冰總量甚至超過地球上的格陵蘭島。而格陵蘭島的水冰全部融化後，足夠地球海平面上漲 7 米！可以想像，火星的水冰足夠為未來人類建立火星基地提供水資源。

2018 年 7 月，利用這個已經工作了 15 年的探測器獲得的地下電導率數據，科學家發現了疑似火星地下水湖的存在。在火星南極極冠之下 1.5 公里處有一個直徑達到 20 公里的電導率異常區域，據專家推測，這裏可能存在一片地下水（湖泊）。相較而言，杭州西湖湖面最寬僅 3.2 公里。疑似火星地下湖的發現，是人類探測火星歷史上里程碑式的重大事件。

水是生命之源，大量的水存在意味着有孕育生命的可能。前文曾經介紹，火星表面條件惡劣，輻射強、溫差大、接近真空、極其乾燥，但火星地下或許是截然不同的光景。火星南極

極冠附近長期酷寒，各處充斥二氧化碳乾冰，地下湖所在位置的溫度也低至攝氏零下 68 度。但是，這裏沒有結冰，説明水中可能富含各種鹽類，是高濃度鹵水。在火星上，高氯酸鹽並不罕見，所以這個水湖很可能溶解了大量高氯酸鹽。氯酸鉀被加熱後能夠產生氧氣。同時，水本身是一種優秀的能量轉換介質，電解水（如使用太陽能和核能）產生的氫和氧都是人類所需的：氧氣可用於呼吸，二者也是重要的火箭能量來源。液態水湖藏在極冠之下 1.5 公里深的地方，這意味着利用起來難度並不大。重要的是，這只是被發現的第一個液態水湖。這一重大新聞讓全世界為之瘋狂。

火星快車還發現火星依然存在微弱的地質活動。結合此前好奇號火星車的發現，火星極有可能依然在源源不斷地往宇宙空間釋放甲烷等物質，而這正是地球在孕育生命階段的基本情況。

有了這些讓人歡欣鼓舞的發現，火星快車也不負眾望，繼續保持良好的工作狀態。在抵達火星後，火星快車的工作時間被先後 6 次延長，服役時間長達 16 年，2019 年依然在工作。它的身份也從一個為歐洲航天局披荊斬棘的探路者變成了後續火星探測器的老前輩，值得尊重。

但是，火星快車攜帶的小獵犬 2 號火星着陸器就沒有那麼幸運了。按照原計劃，它們在火星軌道外分離，分別奔向火星，從天空和地上同時探測火星。二者在 12 月 19 日成功分離，預計在 12 月 25 日聖誕節前後相繼抵達預定火星軌道。然而，小獵犬 2 號在登陸火星的過程中不幸失聯。經過幾個月的調查，專家們仍然沒有找到原因。後來，火星偵察軌道器的高清相機拍攝的畫面證實小獵犬 2 號成功着陸。遺憾的是，由於通訊故

（圖源：NASA）

地下水湖藏在火星南極極冠下面

障失聯，它最終沒有進入工作模式。前文講過，這種軌道器和
着陸器在切入火星軌道前分離的方式不算最優。軌道器自身切
入軌道的難度降低了，但分離後的着陸器着陸窗口過小，幾乎
沒有足夠的餘量進行調整，難度很大。蘇聯的探測器幾乎都是
這樣失敗的。第一次進行登陸火星嘗試的歐洲人，也在這裏吃
了大虧。

　　愛調侃的美國人有個關於小獵犬 2 號的故事：在《變形金
剛》系列電影裏，小獵犬 2 號被宇宙邪惡勢力霸天虎的紅蜘蛛
發現並破壞了，而紅蜘蛛發現小獵犬 2 號來自隔壁的地球。地
球有生命的推論，使宇宙邪惡勢力最終將戰火燒到了地球。

偵察軌道器：頂級「偵察」衛星

　　在有了奧德賽號的巨大成功後，美國航空航天局重拾信心，

開始着手把更先進的探測器送往火星，最終設計製造了給人以軍事偵察衛星遐想的「火星偵察軌道器」。這個探測器造價達7.2億美元，具有前所未有的高精度科學儀器，可以和地球軌道上的軍事偵察衛星媲美。

在2005年8月12日的窗口期，重達2.2噸的火星偵察軌道器乘坐宇宙神5-401型火箭順利升空，7個月後抵達火星。基於此前的空氣剎車實驗，它張開兩面5.4米長、2.5米寬的巨大太陽能電池板開始剎車，甚至減少了軌道修正次數，以便順利進入目標軌道。

這是人類目前最先進的火星探測軌道器，它配備的儀器水平大幅度超過其他火星探測器。探測器有一個高分辨率相機，口徑達到0.5米。它的拍照精度甚至超過了地球遙感衛星使用的絕大部份高精度觀測相機，可以拍下火星表面最高分辨率為0.3米的超清圖像，已經超過了Google衛星地圖的分辨率（僅1米而已），足夠讓人們看清楚街道上的汽車。它拍攝的每張照片的清晰度能達到驚人的8億（20,000×40,000）像素，單張照片的數據量達到16.4GB，遠遠超過其他火星探測器。後續的一些火星着陸器和火星車，如鳳凰號、好奇號，都依賴火星偵察軌道器提供的着陸地點信息完成登陸任務和路徑規劃。兩面龐大的、高效的太陽能電池板功率高達2,000－3,000瓦特，大幅超出以往的電池功率。例如，同樣仍在工作的奧德賽號，其太陽能電池板功率僅有750瓦特。

有個例子可以說明火星偵察軌道器的儀器精度。當它飛到由維京1號發現的火星「人臉」上空時，為人類揭示了這張「人臉」的真相。人們看清楚了「人臉」的每個細節，也因此感到失望。

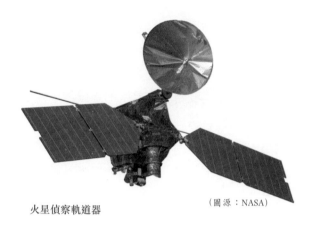

火星偵察軌道器　　　　　　　　（圖源：NASA）

　　火星偵察軌道器還配備了先進的灰階影像相機、彩色成像機、影像頻譜儀、淺地層雷達等儀器，以便全面分析火星地貌。例如，它清晰地觀察到多個隕石撞擊坑裏存在大量的冰，根據環境推測出是水冰。隨着時間推移，這些冰塊在緩慢地昇華。這意味着火星土壤下可能殘留水冰甚至液態水。而在高山地區，它甚至觀測到了驚人的「雪崩」場景，這意味着山上有雪和冰存在，還有下雪天氣（凝結的二氧化碳），説明火星上依然存在一定的地質活動和大氣活動。

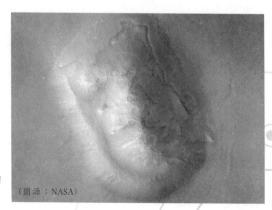

火星偵察軌道器拍下的
高清「人臉」　　（圖源：NASA）

通過觀測，再綜合其他幾個探測器的探測結果，火星偵察軌道器還驗證了一個基本事實：火星上廣泛存在含有氯元素的鹽礦，如氯化鈉（食鹽）、氯化鉀、氯化鎂等，這些物質都可以為人類生存提供基本支持。火星上的鹽礦與地球上的鹽礦形成機理一樣，火星上含氯的鹽不可能主動聚集，它們的形成只有一個可能：存在巨大的海洋或湖泊，當水份蒸發後，溶解的鹽析出而形成了巨大的鹽層。這相當於確認火星的遠古時代存在湖泊和海洋。

　　2011 年，火星偵察軌道器直接看到火星的斜坡地區在夏季溫度下（攝氏 25 度左右）有疑似大規模的液態鹽水流動情況。從表面上看，斜坡上有大概一千多條「小溪流」，每條溪流的寬度在 0.5 米到 5 米不等，長度可達數百米。這是個振奮人心

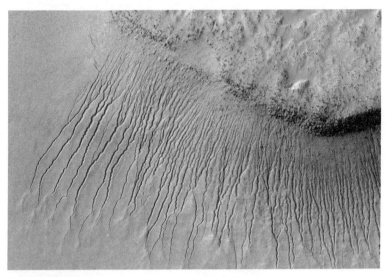

（圖源：NASA）

火星偵察軌道器拍下的「溪流」

的好消息。如果能夠確定這就是含鹽鹵水，就說明火星可以為人類提供包括水在內的各種寶貴資源。

在深空探測方面，火星偵察軌道器也成為新一代高速通訊技術的試金石。正如手機移動通訊經歷了 1G、2G、3G、4G 乃至 5G 的變遷一樣，進行深空探測的航天器未來的通訊速度也需要快速提升。火星偵察軌道器能夠拍攝大量精美圖片，每張圖片被壓縮後依然有 5GB 左右大小，這種龐大的數據量以其他探測器的通訊速度是不可能傳遞的。最早的水手 4 號工作三年總共才收集了 634KB 數據。火星探測技術的進步由此可見一斑，其背後體現的深空通訊技術的進步也是顯而易見的。

為滿足通訊要求，火星偵察軌道器配備了超高頻天線。相比之前普遍採用 X 波段 8GHz 頻率的探測器，它首次採用了高達 32GHz 的 Ka 波段信號。它擁有一個巨大的天線，將數據傳輸速度提高了 10 倍以上，達到 6MB/ 秒。這是一次影響深遠的嘗試，因為數據傳輸速度已經成為很多探測器實現目標的瓶頸：如果數據無法快速傳輸，很多高級儀器是沒有意義的，探測器就不可能執行多種任務。而火星偵察軌道器用實際行動證明了一切：它傳遞給人類的數據，超過其他所有火星探測器傳遞回來的數據總量的兩倍！

這個花費鉅資打造的探測器不負眾望，為人類帶來大量的科研成果。它還異常堅強，工作狀態大大超出預期，原計劃兩年的任務被不斷延期。直到今天，它仍然在正常工作。按照美國航空航天局的預計，它有很大的概率持續工作到 2030 年。

毫無疑問，火星偵察軌道器將是人類探測火星進程中的又一個「奧德賽」。

MAVEN：火星大氣專家

　　氣候探測者號在火星大氣中焚毀後，美國航空航天局亟須填補對火星大氣全方位研究的空白。MAVEN（Mars Atmosphere and Volatile EvolutioN Mission）因此應運而生，它的全稱翻譯過來應該是「火星大氣與揮發物演化研究任務」。這個縮寫取了猶太人廣泛使用的希伯來語和意第緒語中表示專家、權威的詞彙在英語中演化而成的專有名詞「MAVEN」，因此稱其為火星大氣專家是再貼切不過的。有了前面火星偵察軌道器的成功例子，美國航空航天局對 MAVEN 任務的投資也非常高，它的造價高達 6.7 億美元。

　　對於火星大氣的研究極其重要，甚至不亞於對火星表面的研究。這正如人類的生存不僅依靠大地和海洋，更離不開大氣一樣。這裏孕育了風霜雨雪，帶來氣候變遷，更為我們提供了需要時刻呼吸的氧氣。火星曾經具備足夠的大氣，才能維持大量液態水的穩定存在。峽谷、鹽礦、冰蓋乃至夏季出現的液態鹽水，都是稠密大氣存在過的證據。但是，它們為甚麼幾乎消失，以致火星今天的大氣密度不到地球大氣密度的百分之一呢？

　　在先前的火星探測中，關於大氣的研究都比較粗略，只是測量了大致的密度、氣壓、成份等基本信息，卻始終無法解釋為甚麼火星的大氣可以演化到今天。在今天這種情況下，火星的未來將會如何？這對於人類未來征服和改造火星是極有意義的：如果火星大氣演化的歷史告訴我們火星大氣還會繼續變糟，那就沒有必要繼續改造大氣，應該專注於建設封閉的火星家園；如果火星大氣出現今天這個狀況只是因為意外，現在仍在向較好的方向發展，比如大氣中的二氧化碳在持續增多，那就可以通往另一個研究方向——專注發展大型人類基地，進而全面征

服火星,將其改造成適合人類居住。帶着這些要解開的謎題,火星大氣專家 MAVEN 在 2013 年 11 月 18 日乘坐巨大的宇宙神火箭升空而起,此時距離它的前輩氣候探測者號犧牲在火星已經 15 年了。

（圖源：NASA）

火星大氣專家 MAVEN

將火星大氣剝離的主力就是太陽風,否則火星引力足以維持一定的大氣圍繞它運動。太陽風給大氣分子加上能量,使有些氣體分子的速度能夠超過逃逸速度,逐漸脱離火星。分子量越輕的氣體,如氫氣和氦氣,表現得越明顯。因此,MAVEN 最重要的任務是研究太陽風和火星大氣的相互作用,其配備的主要儀器有電子分析儀、離子分析儀、熱離子分析儀、高能粒子分析儀、電離層探針、磁力儀、紫外線光譜儀、中性氣體探測儀等,幾乎可以從各個維度全方位解讀火星大氣受到的太陽風的影響和每個細微的變化。

不過,MAVEN 並沒有得出振奮人心的科學探測結果:科學家推斷,最早在 37 億年前,火星可能具備孕育類似地球生命的條件,這與地球最早在 40 億年前出現最原始的孕育生命的物質的時間相差不多。不幸的是,隨後火星已經開始逐漸流失包括二氧化碳在內的大氣主要成份,這意味着地核開始冷卻、磁場開始變弱,使大氣無法抵禦太陽風衝擊。隨着全球溫度和大

氣壓力降低，水分子即使結合成水冰，也會不斷逃逸。宇宙射線和太陽風甚至能把它們直接轟擊成氫和氧，使其最終永遠離開火星。

這個趨勢已經持續了幾十億年，而且仍在繼續。在 MAVEN 的任務時間裏，恰好太陽活動增強（2014—2015）。在太陽活動增強時，火星大氣流失速度更快，在近日點的流失速度比遠日點快上 10% 左右。即使現在，太陽風依然在以 100 克 / 秒的速度將火星大氣剝離。這個量看起來並不多，但這幾乎是一個沒有補充的單向進程，遲早有一天火星會變成近乎真空的環境。這也符合維京計劃和後來一些探測任務的對比結論：火星在逐漸變冷，溫室氣體二氧化碳在消失，這是不可逆轉的結果。

天文學家已經對這些現象有了心理準備，但這個結果還是讓人再次深感惋惜。這意味着人類幾乎沒有整體改造火星大氣的可能性，因為它已經完全進入單向流失的惡劣情形中。也許，最理想的情況還是建立一個封閉的人類家園，或者人類進入火星地下生存。

同很多戰友一樣，MAVEN 也是在超期服役。它目前依然在工作，作為信號轉發系統，為幾個在火星表面工作的火星車服務。

ExoMars：歐洲和俄羅斯聯手的生命尋跡之旅

在美國人繼續探測火星的同時，歐洲 [①] 科學家也想填補火星探測的空缺，再次挑戰登陸火星，以彌補小獵犬 2 號的遺憾。

---

① 本書「歐洲」並非純粹地理學概念，是政治、經濟和文化等方面的一個概念。在航天領域，即指歐洲航天局的成員國。

這也反映了歐洲火星探測活動與美國的不同：美國在 21 世紀以來主要依靠長期穩定工作的軌道器為着陸器服務，着陸器和軌道器分別發射；歐洲則將兩個任務放在一起，以軌道器任務為主。

　　歐洲最主要的目標是探測火星上是否存在生命。歐洲航天局為此批准了一個龐大的火星生物學探測計劃（Exobiology on Mars），簡稱「ExoMars」。歐洲航天局計劃通過多個任務，從大氣、地面、地下等多維度全方位解析火星。不過，由於任務規劃與美國航空航天局的計劃有所重合，而美國方面把部份項目資金用於支持後來的吞金巨獸——詹姆斯·韋伯太空望遠鏡（James Webb Space Telescope），導致雙方在短期合作後分手。與此同時，已經與歐洲在火星快車項目上合作過的俄羅斯拋來橄欖枝，表示雙方可以合作，以取長補短，降低風險和成本，兩家一拍即合。

　　2016 年 3 月 14 日，這個計劃的第一步，重達 3.8 噸的火星微量氣體探測器和斯基亞帕雷利（Schiaparelli）號着陸器順利升空。它們的主要任務有三個：研究火星大氣中與生命有關的甲烷等微量成份；再次嘗試釋放小型着陸器降落火星；為後續的火星車做通訊轉發。

　　「斯基亞帕雷利號」這個名字取自 19 世紀意大利著名天文學家喬凡尼·斯基亞帕雷利（Giovanni Schiaparelli），他曾根據自己對火星的持續觀察繪製了火星地圖。

　　火星微量氣體探測器的核心使命是尋找諸如甲烷等碳氫化合物，還可以探測一氧化碳等碳氧化合物、硫化物、含氮氣體、臭氧、氫氣等多種微量氣體，這些都是孕育生命的環境必需的。它配備了大氣化學研究套件、掩星多光譜探測儀、精細超熱中

（圖源：Pline）

火星微量氣體探測器及其攜帶的斯基亞帕雷利號小型着陸器

子探測器等多種先進儀器，能夠分析先前美國探測器無法探測的大氣成份。俄羅斯負責兩個主要探測儀器的研發。這個探測器目前剛剛結束空氣剎車階段，進入火星軌道，尚未公佈主要科研結果，還需拭目以待。

2016 年 10 月 19 日，與火星微量氣體探測器分離的斯基亞帕雷利號嘗試在火星着陸。然而，這個重 577 公斤、直徑 2.4 米、高 1.8 米的着陸器在最後 50 秒突然發生軟件故障，控制系統和通訊系統出現錯誤，最終在火星墜毀。當時在火星上空的數個探測器拍下了爆炸產生的痕跡。這很像當年美國的極地登陸者號在距離火星表面 40 米時墜毀的情景。

這就像甘迺迪關於阿波羅登月計劃說過的一樣，人類前往火星，不是因為很簡單，而是因為很難。

探測火星，真的很難！

曼加里安：超高性價比的印度探測器

在 2013 年 11 月的火星探測窗口期，印度也加入了探測火星的大家庭。印度航天事業起步較晚，這次直接挑戰火星探測，難度極大。此前世界各國首次探測火星的慘痛經歷想必大家已經有所體會，因而可以理解為甚麼印度沒有為這次任務押下大

量賭注。這次任務的花費僅 7,000 萬美元，這個價格僅是美國和歐洲同類探測器預算的十分之一到五分之一。

這個探測器的名字叫「曼加里安」（Mangalyaan），梵語是火星探測器的意思。

曼加里安號重量達到 1.3 噸，配備的有效科學儀器重量只有 13 公斤，包括印度自主研發的阿爾法光譜儀、甲烷探測器、中性粒子質譜儀、彩色相機和紅外光譜儀等。作為印度首個探測火星的任務，做到這些已經著實不易了。這次任務也極大地考驗了印度的深空探測通訊網絡。印度依靠自身的能力顯然不夠，美國航空航天局為印度提供了深空通訊支持。

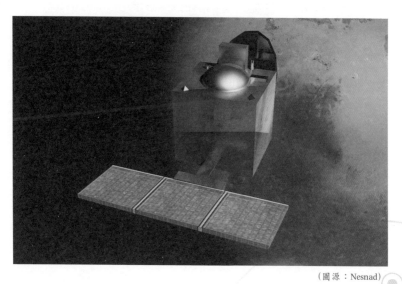

（圖源：Nesnad）

曼加里安號構想圖

經過 11 個月，在太空飛行 7.8 億公里後，曼加里安號終於在 2014 年 9 月 24 日順利進入環繞火星的大橢圓軌道。它沒有足夠的能力進入環繞火星的圓形軌道。在隨後三年多的時間裏，曼加里安號一直保持了良好的工作狀態，不斷延長任務時限，取得了顯著成功。曼加里安號成功發佈了火星全球地圖和其他科研成果，雖然創新空間不大，但足以證明印度自主研發的航天器能夠長期穩定工作。

印度成為人類歷史上第四個成功探測火星，而且是唯一首次探測火星就取得成功的國家 / 地區。這次任務更是亞洲國家在火星探測領域取得的首次成功。這次任務的成功讓人震驚，也說明人類對火星的探測已經進入了新的階段，以歐洲、印度、日本、中國為代表的第二梯隊正在迅速跟進。

火星表面的人類使者

天上宮闕，地下人間。當幾個主要航天大國在火星軌道上角逐的時候，火星地面依然是最為吸引人的所在，畢竟人類最終目的是在火星地表建立大型基地，甚至全面改造火星。為人類完成打前站使命的，就是那些在 21 世紀成功在火星表面登陸的着陸器和火星車。在火星着陸方面，歐洲兩次挑戰均以失敗告終，這個領域目前依然是美國的天下。

鼓足勇氣，抓住機遇！

相比只能定點着陸的着陸器，火星車能夠移動，這就足以說明它們的價值。旅居者號早在 1997 年就成為人類第一輛火星

車，但實在太小，僅 10 多公斤，配備的儀器自然不可能有複雜的功能，僅僅工作幾十天就宣告結束任務。人類迫切需要一個複雜的、多功能的火星車登陸火星。

在這種需求下，美國航空航天局正式立項了火星探測漫遊者（Mars Exploration Rover，MER）項目。這個項目包括兩個重量為 185 公斤的火星車，MER - A 和 MER - B，二者完全相同，互為備份。它們分別在 2003 年 6 月 10 日和 7 月 7 日順利升空，前往火星，在次年 1 月先後抵達。

（圖源：NASA）

勇氣號（左）和機遇號（右）在進行發射

前文講過，美國航空航天局和世界主要科研機構都意識到了公眾參與和普及科學知識的重要性，這兩輛火星車繼續採取了向小學生徵文的方式為它們命名。最終，年僅 9 歲的小學三

年級學生索菲·克里斯（Sofi Collis）獲得此次徵文大賽的桂冠，
她最經典的一句話也成為兩輛火星車名字的來源：

　　我曾住在孤兒院，黑暗、陰冷、孤獨。每當夜幕降臨，我
總是仰望天空中的繁星，以排解憂傷，夢想自己有一天能飛上
太空。在美國，我的夢想終於可以成真了，謝謝你給我的「勇氣」
和「機遇」。

　　（I used to live in an orphanage. It was dark and cold and lonely.
At night, I looked up at the sparkly sky and felt better. I dreamed I
could fly there. In America, I can make all my dreams come true.
Thank you for the "Spirit" and the "Opportunity".)

（圖源：NASA）

勇氣號／機遇號火星車

這對雙胞胎兄弟火星車最終被命名為「勇氣號」（Spirit, MER-A）和「機遇號」（Opportunity, MER-B）。實際上，它們還有兩個堂兄弟留在地球上用來測試。其中一個和它們幾乎一模一樣，被用來測試每個儀器的工作狀況。如果火星上的火星車出現故障，可利用它在地球上進行模擬，來排查問題。另一個輕一些，幾乎沒有儀器，僅用來模擬火星重力對機體結構的影響。這是來自火星探路者任務的經驗——在地球上通過備份體查找本體在火星上遇到的問題。

為能夠移動，勇氣號和機遇號火星車必須安裝額外的動力系統、成像和導航系統等。這些設備在定點著陸任務中是次要的，對於火星車卻必不可少。火星車動力主要來自兩塊太陽能電池板，採用當時最先進的多結太陽能電池，可以吸收並利用陽光各個光譜中的能量。但是，火星表面的太陽能遠不如地球豐富，而且大氣中佈滿沙塵。在最好的狀態下，太陽能每天僅能提供 900 瓦特‧小時的能量，不到一度電，而電池的工作效率在每天平均半度電的水平。

當火星爆發沙塵暴時，電池一天的產能就驟降為 100 瓦特‧小時，火星車必須進入休眠狀態。要知道，即使天氣最好時電池產出的 900 瓦特‧小時能量，也僅能讓普通熱水器工作半小時，只能維持一個 40 瓦特功率的白熾燈泡亮一天。為充份利用能量，度過沒有能量來源的夜晚，火星車還背了兩個 7 公斤重的鋰電池，用來儲能。

這兩輛火星車是高 1.5 米、寬 2.3 米、長 1.6 米，有 6 個輪子的龐然大物，還要完成複雜的通訊和探測工作，這點電力就顯得很有限了。跟大家想像的火星車在火星表面馳騁的場景完全不同，兩輛火星車的真實運動速度是以厘米 / 秒來計算的，

它倆「飆車」的極限速度僅為 5 厘米 / 秒，而平均速度僅 1 厘米 / 秒。它們具有自我防護系統，每前進 10 秒就停下來用 20 秒檢查地形，以避免風險。所以，火星車花 10 秒鐘往前走大約人的一隻手掌的長度，然後停下來喘息 20 秒鐘，就這樣周而復始。

人類目前在太空最快的「飆車」紀錄是阿波羅 17 號宇航員尤金‧賽爾南在 1972 年駕駛月球車創造的 500 厘米 / 秒（5 米 / 秒）的記錄。相比而言，勇氣號和機遇號就是在「龜速」前進。

火星車還必須攜帶大量圖像拍照系統，以輔助導航和自我判斷軌跡，畢竟火星上沒有人幫它們指路。因此，它們都配備了全景相機和導航相機，安裝在 1.5 米高的頭部，車身上還安裝了四個避險相機，以了解前後左右情況，避免危險。沒有辦法，畢竟這是極其精密的、造價高達 4 億美元的火星車。經過大致計算，火星車平均每克的價值接近 1.7 萬元港幣，這比一輛用純金做的車貴很多了。

不僅如此，火星車無法直接與地球通訊，需要藉助已有的火星軌道探測器幫助它們轉發和傳遞信號，如奧德賽號、全球勘探者號等。那些飛行在火星軌道上的軌道器的重要使命之一便是為火星車服務。

在解決動力、導航和通訊等問題後，最重要的就是科研了。雖然能量有限，兩輛火星車依然配備了非常先進的高度集成化的科研儀器，它們基本被安裝在火星車前部伸出的機械「手臂」上面。這也是無奈之舉，因為火星車底部是動力和結構系統，背部蓋滿太陽能電池板，側面又有輪子和防護系統，所以只能把儀器向「手臂」和「頭部」集中。其中，火星車「手臂」上有穆斯堡爾譜儀、阿爾法粒子 X 射線光譜儀、磁體儀這種能夠

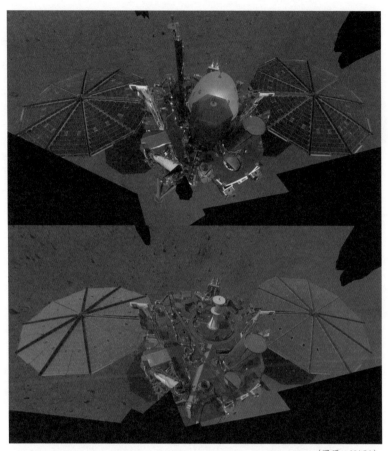

2018 年登陸火星的洞察號（實際自拍）剛登陸火星時的模樣（上）和
兩個月後的模樣（下）截然不同。

詳細解讀岩石和土壤化學成份的儀器，「頭部」有熱輻射光譜
儀和顯微成像儀這種能夠從遠處和近處觀察土壤結構圖像的設
備。為進行研究，火星車還需要一個研磨工具，將岩石粉碎。
在使用儀器時，火星車需要停下來，將大部份能量集中在機械
臂上，機械臂把帶有儀器的前端緩緩放到要研究的地方。

這裏有一個生產製造方面的小細節。在勇氣號和機遇號出發前往火星前，2001 年 9 月 11 日，美國遭遇了歷史上最嚴重的恐怖襲擊，紐約的標誌性建築——世貿中心轟然倒塌。這次恐怖襲擊造成近 3,000 人殞命，相當一部份死者是參與救援的消防員，給美國造成了巨大損失，也給全世界帶來了深深的恐懼。全世界進入哀悼氣氛之中，這兩個探測器也不例外。正如火星車的名字那樣，人類要越挫越勇。科學家利用清理世貿中心廢墟找到的金屬材料製作了一個特殊的線纜保護罩，用來保

（圖源：NASA）

帶有美國國旗圖案的保護罩

護岩石粉碎工具。科學家用這種方式表達對恐怖襲擊事件遇難者的哀悼。

　　勇氣號的着陸地點於 2004 年初命名為「哥倫比亞紀念站」（Columbia Memorial Station），以紀念 2003 年 2 月 1 日哥倫比亞號穿梭機返回地球時遭到解體的災難；機遇號的着陸地點被叫作「挑戰者紀念站」（Challenger Memorial Station），用以紀念 1986 年 1 月 28 日挑戰者號穿梭機在起飛時發生爆炸的災難。在這兩個載入人類史冊的航天災難中，分別有 7 名宇航員殉命，成為歷史之最。

　　按照計劃，兩輛火星車採用和探路者號相同的反推火箭和氣囊保護結合的着陸方式。勇氣號在古瑟夫（Gusev）隕石撞

（圖源：NASA）

在降落期間，火星車像壓縮積木一樣躲在氣囊中。在成功降落後，氣囊打開，火星車慢慢「充氣」變成應有的樣子。

擊坑着陸，這個 170 公里寬的超級撞擊坑隱藏着火星土壤的深層秘密；機遇號在子午線高原着陸，這裏曾經被發現存在大量赤鐵礦結晶，意味着遠古時代這裏曾是巨大的海洋或湖泊。

　　在抵達火星後，兩個小傢伙果然不負眾望，為人類帶來了海量的科研成果。它們詳細分析了火星土壤成份。按體積而言，地球土壤中 50% 是水和空氣，5% 是有機物，45% 是礦物質和金屬；火星土壤中僅有 2% 是水和空氣，餘下的 98% 都是礦物質和金屬。水份含量低，土壤中沒有有機物存在的證據，都說明火星表面不存在生命。此外，在火星土壤中還首次發現了鎳和鋅元素，二者應該來自火星深層內核。這個發現意味着火星

（圖源：NASA）

機遇號發現的像「藍莓」一樣的赤鐵礦結晶

表面的土壤絕大部份來自火山噴發，是億萬年前劇烈地質活動的產物。

勇氣號曾經對一塊火星岩石進行過「深層次」研究，它鑽了一個直徑4.5厘米、深0.5厘米的洞，幾乎與嬰兒手掌一般大。看似輕鬆，其實很不容易，這是它一動不動鑽了兩小時的結果。對石頭的基本結構進行分析後，科學家認為有水的參與才會形成上面的微型紋理和孔洞。

勇氣號的兄弟機遇號詳細研究了大量類似地球上的玄武岩的岩石，其表面覆蓋多層不同的物質結構。它還去了一個富含黏土的山丘，以及一個遠古湖泊的底部，在那裏發現了包括赤鐵礦水合物（一種鐵銹）在內的含水礦物質。它還撞擊坑底，觀測到了水流淌的痕跡，這意味着火星過去，甚至今天在地下依然可能存在液態水。機遇號比較幸運地遇到了一個來自太空的禮物——一顆由鐵、鎳構成的隕石。這也是人類首次在其他星球找到隕石。

這些成果基本印證了火星在遠古時期擁有溫暖潮濕環境的猜想。不過，在研究化學成份後，科學家得出結論：這裏的海洋和湖泊並不像地球上的水體一樣溫和，絕大部份水體呈現強酸性，並不適合絕大部份地球生物生存。但是，這畢竟是一定時期內的改變積累的結果，又經過了數億乃至數十億年的「滄海桑田」的變遷。科學家目前還無法推測出它們最初的樣子。

兩輛火星車的原計劃工作時間都是 90 天左右，科學家認為 90 天之後火星空氣中的沙塵就會覆蓋滿太陽能電池板，將導致其無法繼續工作，最終像探路者號一樣長眠。令人意外的是，火星上的大風幫了忙，吹去了太陽能電池板表面的塵土，讓它重新在陽光照射下獲得新生。在 2007 年巨大的火星沙塵暴中，

99% 的陽光被沙塵遮蔽了數月，導致這兩個兄弟險些遭難，而它們以休眠方式在比地球風速快數倍的惡劣環境中倖存下來，獲得了新生。

（圖源：NASA）

勇氣號傳回地球的最後一張照片，這裏就是它長眠的地方。

勇氣號一直堅持到 2011 年 3 月 22 日才結束任務。此前，它在 2009 年就已經陷到軟土中無法動彈。它在那個坑裏堅持工作了兩年之久，直到失聯，那裏也成了它的墓地。機遇號的情況好很多，它曾經陷進一片碎石沙地中，後來依靠地球上兩個堂兄弟的各種模擬演練，在一個半月後脫險，那裏因此被重新命名為「地獄沙丘」。從此之後，它更加小心了，同時也在慢慢老去。在生命的最後階段，它的電腦每天都會不斷重啟，工作一段時間就會自動清空存儲數據。它猶如暮年的老人一樣患上了「癡呆」和「失憶」症，讓人感到惋惜。

機遇號拍下的火星，這恰好應了美國宇航員奧爾德林登上月球時說的話
——「華麗的荒涼」。

　　勇氣號和機遇號移動速度極慢，但超長的服役時間卻使它們成了最優秀的火星車。勇氣號共計工作 2,269 天，機遇號工作了 5,498 天。機遇號以平均 1 厘米 / 秒的速度運動，創造了紀錄，已經在火星表面行進了 45.16 公里，早已超過蘇聯在 1973 年發射的月球車 2 號在月球表面創造的 39 公里的紀錄。機遇號好比龜兔賽跑裏的烏龜，雖然速度慢，但堅持到了最後的勝利。

機遇號在 2018 年失聯前的最後一張自拍照，紀念工作 5,000 天，這也是它的絕唱。

　　風雲難測，2018 年，火星又出現了席捲全球的巨大沙塵暴。由於能源問題，機遇號再次陷入沉睡。在年底沙塵暴消退後，美國航空航天局多次嘗試聯繫機遇號。2019 年 2 月 13 日，美國航空航天局在與失聯的機遇號聯繫 800 餘次未果後，最終宣佈結束任務。機遇號實在太老了，無法再像年輕時（2007）一樣災後重生。這一任務原計劃 90 天，最後竟持續了 15 年，終於華麗謝幕。

　　長眠在火星上的火星車，已經成了人類文明的新地標。

鳳凰號：涅槃重生的極地使者

1999 年 12 月 3 日，聖誕節前夕，已經在深空跋涉了 11 個月的火星極地登陸者號在距離火星地表僅 40 米時失控墜毀。這是美國航空航天局歷史上無比巨大的遺憾之一。極地登陸者的使命是回答一系列重要問題：如果火星上有水，水最有可能在哪裏？如果火星有地下水，地下水會有多少？如果火星被確認有地下水，那裏有沒有可能擁有生命？

在這種前提下，着陸地點就很明確了──火星南極或北極附近。這裏靠近巨大的冰蓋，根據奧德賽號、火星快車和 MAVEN 的多年探測結論，這兩個地方蘊藏大量水冰，總體積不亞於地球上格陵蘭島的水冰體積，換成淡水後足以維持數億人長期生存。既然這裏有足夠的冰蓋，也意味着地下一定富含水份。

火星極地登陸者號的目標是火星南極，最後任務不幸失敗。火星南極冰冠很厚，在理論上水資源更豐富，但地形更加複雜。下一個勘探極地任務的主角是鳳凰號，它的着陸目標換成了更加平整和空曠的火星北極，而且配備了更多先進探測儀器。「Phoenix」在西方文化中是一種不死鳥的名字，它總能浴火重生，越挫越勇。這和中國的瑞鳥鳳凰能夠涅槃重生類似，因而中文將其翻譯為「鳳凰」。

2007 年 8 月 4 日，鳳凰號在美國卡納爾維拉爾角迎風而起，飛向火星，在經過 10 個月的長途飛行後，在次年 5 月 25 日進入火星着陸軌道。勇氣號和機遇號用氣囊保護彈跳降落到火星，而鳳凰號用發動機噴射高速氣流反推着陸，這是早期的火星着陸器採用過的方式。然而，上次的極地登陸者號失敗了，這次任務給科學家帶來的壓力可想而知。

在降落階段，鳳凰號要經歷 7 分鐘恐怖時間：在這麼短的時間內，它要經歷火星大氣對隔熱層的瘋狂摩擦、打開降落傘的巨大衝擊和最後階段的發動機制動，任何細節問題都可能導致任務失敗。美國航空航天局表示，即使做了萬全的準備，這次任務的成功率依然只有 50%，要做好類似極地登陸者號失敗那樣的準備。

即將成功登陸火星北極的鳳凰號想像圖

因失敗積累的經驗和教訓終於有了回報，鳳凰號最終成功降落於火星北極附近的綠谷。這是個寬 50 公里，深度僅 250 米

左右的小峽谷，極有可能有水冰的痕跡，而且地面平整，降低了任務失敗的可能性。

除攜帶相機和通訊等設備之外，鳳凰號還有一個更先進的機械臂。這個機械臂可以挖掘堅硬的凍土層，深達 0.5 米。着陸器配備了先進的電化學與傳導性顯微鏡分析儀、熱量與氣體分析儀、表面立體成像儀和一個小型氣象站，用以研究火星北極天氣。因此，鳳凰號可以對土壤樣品進行全方位分析，從土壤基本結構到可能釋放出的氣體（如水蒸氣）等。

不出意外，鳳凰號取得了巨大的成功。鳳凰號最重要的一個成果，就是直接證明了火星地下水冰的存在：它的機械臂在火星地下淺層挖出了幾塊白色物質，發現其中含有水冰，在後續幾天逐漸揮發。根據當時的氣候條件來看，它們的主要成份不太可能是乾冰。用土壤分析儀進行分析，科學家發現這些凍土在加熱時釋放出水蒸氣和二氧化碳。這證明在火星南北極的極蓋中存在大量水冰和乾冰，兩極凍土地帶也可能有「巨量」水冰和乾冰儲備。鳳凰號觀測到北極上空下「雪」。不過，這種雪極有可能是乾冰，還沒降落到地面便消失了。那裏也有雲，雲層的運動速度極快，遠不同於地球上「雲卷雲舒」的現象。

土壤分析儀的分析結果證明，鳳凰號降落點的土壤呈現一定鹼性，存在大量鈉、鉀、鎂和氯元素，形成鹼和鹽。這也能輔助推斷，這裏曾經可能是有大量液體的海洋或湖泊。這裏還有一定量的高氯酸鹽，這種高氯酸鹽是強氧化劑，可以通過簡單加熱釋放氧氣，未來可以作為火星基地重要的「礦藏」。

不同於火星車，鳳凰號只是一個着陸器，並不能夠移動。它的能量來源是兩個花瓣一樣美麗的太陽能電池板。鳳凰號降落的地點在火星北極附近，在北半球的冬季，這裏將迎來長期

的黑暗，它將失去能量而逐漸被「冰封」。因此，原計劃在火星上工作 90 天的鳳凰號的壽命不可能大幅度超出人類預期。這不是由硬件水平決定的，而是受惡劣環境的影響。

鳳凰號拚盡全力，在工作 157 天後壽終正寢。根據它的觀察，火星北極環境極其惡劣，那裏的平均風速超過了 100 米/秒，是地球上 12 級風的三倍。那裏晚上氣溫低至攝氏零下 100 度，極其寒冷。鳳凰號的絕大部份儀器依然有工作能力，但缺乏能量。在第二個火星年夏天的時候，美國航空航天局的科學家嘗試喚醒鳳凰號，讓它起死回生，但最終沒有成功。

後來，火星偵察軌道器的高清相機拍攝到了鳳凰號，發現它的兩塊太陽能電池板在北極寒風中遭到嚴重損毀。當溫度驟降時，空氣中的二氧化碳可能凝結成乾冰，那些被鳳凰號拍到的雪花並沒有在空中融化或昇華，雪花可能落在它身上將其壓垮。鳳凰號沒有能夠涅槃重生，最終長眠在二氧化碳「暴風雪」中。

在鳳凰號飛向火星之前，美國航空航天局準備了一個記錄百萬人簽名、關於火星的文藝作品和世界著名科學家發給火星的短訊等資訊的光盤，這張光盤現在和鳳凰號一起留在火星北極。工程師和科學家們還為鳳凰號準備了一個神秘的時間囊，希望在人類（探測器）重返綠谷時，能夠將它喚醒。

在鳳凰號降落後的自拍照中能夠看到探測器表面有一張光盤和時間囊。
人類是否能夠讓這隻鳳凰涅槃重生呢？

好奇號：人類歷史上最貴的車

　　勇氣號、機遇號和鳳凰號的巨大成功極大地鼓舞了探測火星的科學家，人們開始迫不及待地尋找更多關於火星的秘密。幾乎在勇氣號和機遇號成功着陸的同一時期，美國航空航天局開始了下一代火星車的研究。毫無疑問，這輛火星車是歷史上最先進的一位人類火星使者。由於民眾高漲的熱情和政府的支持，美國航空航天局史無前例地投入鉅資，用於火星車的研發。投入金額達到了驚人的 25 億美元，足夠買下 40 噸黃金！這些錢最後被用於一輛 899 公斤重的火星車上，它因此當之無愧地成為世界上最貴的一輛車。

　　2008 年，美國航空航天局再次舉辦小學生為火星車命名大

賽，選出 9 個候選名字後在網上公開投票。小學六年級的華裔小女孩馬天琪（Clara Ma）起的「好奇號」最終獲勝。好奇號的着陸地點後來被叫作「雷·布萊德利紀念站」，用來紀念這位著名的美國科幻作家。

2011 年 11 月 26 日，好奇號（Curiosity）被包裝進一個 3.8 噸重的組合體中，從地球出發。為讓這輛巨大的火星車成功降落，科學家開發出了空中吊車技術。這是人類現今掌握的航天技術裏極具科幻色彩的技術之一，本書將在後續章節詳細介紹。次年 8 月 6 日，好奇號在蓋爾撞擊坑着陸，這是一個直徑 154 公里，至少存在了 35 億年的撞擊坑。這裏極有可能保有火星早期環境，有山丘、湖泊遺跡等，足夠好奇號大展拳腳。

相比兩位小「前輩」，好奇號有了大幅改進。勇氣號、機遇號、鳳凰號都以太陽能為能量來源，極易受到太陽光照變化和火星沙塵暴的影響，而且能量有限，無法支持更多的複雜先進的設備，碰到寒冷的夜晚毫無辦法。好奇號採用了多任務放射性同位素發電機技術，類似維京號用過的核電池，不過有大幅改進，利用 4.8 公斤鈈 -238 放射性同位素不斷衰變產生的熱量來發電。這種新型核電池有一個很大的優點：能量密度高，重量小，每天可以產生 2.5 千瓦時電能，大約是勇氣號和機遇號的 5 倍多，其殘餘熱量還可以給內部設備保溫，可謂一舉多得。此外，這種核電池的半衰期很長，達到 88 年，在火星車大部份器件壽命到期後依然能夠提供穩定而足夠的能量，不會受外界環境影響。因此，好奇號不在乎白天和黑夜、極寒和極熱天氣，不用像勇氣號和機遇號那樣經常休眠，更不用像鳳凰號一樣在寒風中永遠長眠。

好奇號的體積也大大增加，有 2.9 米長、2.7 米寬、2.2 米

（圖源：NASA）

好奇號自拍照，用安裝在機械臂上的相機完成。該圖由多張照片後期拼接處理而來，
機械臂已經被去掉，並沒有呈現出來。

高，是勇氣號和機遇號體積的 2 倍多，是它們重量的 5 倍。這意味着它能夠配備更多設備，而且機動能力大幅增加：在極限情況下，它甚至可以跨越 0.6 米高的巨石。這會讓曾經被困在（由數厘米大小石塊組成的）「地獄沙丘」的機遇號豔羨不已。那片沙丘險些讓機遇號「喪命」，在好奇號面前卻是一片坦途。因此，好奇號能夠勘察更加複雜的地形，遠遠勝過前輩。不過，好奇號運動速度的上限依然是 2.5 厘米 / 秒，平均速度是 1 厘米 / 秒，和勇氣號或機遇號相當。這是因為它的重量更大，耗電量巨大。對於重點在於科研的火星車而言，單純追求機動性是毫無意義的。好奇號的一個無法取代的優勢是：如果人們願意，它可以一直前進，無論白天和黑夜，畢竟它的能源不依賴太陽能。

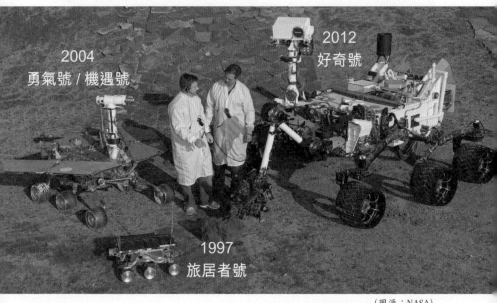

(圖源：NASA)

三個時代的火星車面對同一塊石頭

好奇號並不需要背着巨大的太陽能電池板，儀器設備有很大的安裝自由度，更重要的是徹底解放了 2.1 米長的機械臂，不必把大部份設備集中在上面。此前的勇氣號和機遇號受限於巨大的太陽能電池板，背上除重要的通訊天線外幾乎甚麼都不能安裝，只能把核心設備往機械臂上放。

因此，好奇號的機械臂功能相對簡單，主要功能是觀測、粉碎、鑿洞和取樣，更細緻的分析工作由其他設備完成。它的機械臂主要安裝了一個 X 射線光譜儀和透鏡成像儀，對樣本進行分析，甚至可以看清楚 10 微米左右的細節。要知道，人的頭髮直徑還有約 80 微米！好奇號機械臂還安裝有衝擊鑽、刷子和鏟子，方便打孔、粉碎和取樣，可謂能者多勞。

（圖源：NASA）

好奇號頂部的激光誘導擊穿器極具科幻色彩

好奇號配備的儀器幾乎是當時航天技術的高度集合。除先進的主相機、導航相機和避險相機外，它還配備了一個名為相機的複雜化學相機單元。這是一套融合激光誘導擊穿器和遠程顯微鏡的頂級設備，大大增強了好奇號的探測能力。在工作中，好奇號只要對準一塊研究區域，激光器可以在 7 米之外發射超高頻率的激光脈衝，將岩石完全氣化成等離子體。與此同時，遠程顯微鏡可以實現從紅外線到紫外線之間 6,000 多個波段的全面化學分析，岩石成份一覽無餘。激光從好奇號頂部的「眼睛」（鏡頭）發射出去，這一幕極像科幻電影裏外星機械人和飛船發射毀滅激光的場景：所到之處生命全無，物質瞬間蒸發。不過，對好奇號而言，它的目的不是破壞，而是進行科學研究。這套系統耗能巨大，只有在碰到重要的研究對象時才會使用。

好奇號還配備了一個阿爾法粒子 X 射線分光儀，利用阿爾法射線照射樣本並用 X 射線光譜成像，可以迅速獲得樣本的細緻成份。任何物質都難逃好奇號法眼，其精度遠遠高於此前配備同類設備的火星車和探測器。好奇號還裝備有化學和礦物學分析儀，可以對微觀結構、礦物晶體結構和元素詳細比例等進行研究。

好奇號配備的動態中子反照率設備，可以向地面照射中子，以此來分析以中子與氫原子核為主的能量反應，推斷地下氫元素和其他元素是否存在及其所佔比例。這對於探尋地下水來說非常有效：在不需要挖出深層土壤的情況下，這個設備就可以探測到地下數米僅有 0.1% 含量的水分子存在。當然，好奇號還有小型氣象站，用以獲取火星氣候和空氣等方面的情況。

美國航空航天局的工作人員在好奇號輪胎上偷偷留下了 JPL 的摩爾斯碼（左），
還在相機校正板上放了一美分硬幣（右）。

　　美國航空航天局的工作人員也在盡一切可能為自己「謀福
利」。除將常規簽名等存進好奇號內存之外（這已經是天大的
榮譽了），它的主要製造商，美國航空航天局的下屬機構噴氣
推進實驗室（JPL）更想在 6 個直徑 50 厘米的輪子上做「廣告」。
該機構設計的第一版輪胎有其英語縮寫 JPL 花紋，這樣好奇號
每走一圈就會在火星上印出 JPL 字樣，好不威風！這個方案被
官方否定了，畢竟還要考慮其他承包商（如波音和洛歇‧馬丁）
的感受。在後來的第二版輪胎中，工作人員偷偷把代表 JPL 的
摩爾斯碼加在上面。輪胎花紋看起來沒有甚麼特殊，只是簡單
的圓圈和方塊，實際印出的痕跡還是 JPL（摩爾斯碼）。當官
方意識到這個問題時，為時已晚，只得默認了這種「藏私貨」
的行為。不過，這樣做也很必要，輪胎必須有明確的可識別的
標記，方便觀察軌跡，以判斷輪胎的運動情況。

　　與此同時，負責機械臂透鏡成像儀的技術團隊也動了個心
眼，這個設備在成像時必須參考一個校正板，將某種顏色、大

小和形狀等作為基準參照物。他們最後選擇了一枚一美分硬幣，這是為慶祝林肯誕辰一百週年美國在 1909 年發行的硬幣，也是美國歷史上使用時間最長，幣值最小的貨幣。從技術上講，硬幣沒有任何優勢，還不如一個標準的校正圖，但大家覺得硬幣無傷大雅，便同意了。這樣做，第一向偉大的美國總統致敬，第二向納稅人和政府表示感謝，第三還可以為好奇號準備好「買路錢」。按照好奇號 25 億美元的造價與 899 公斤的重量計算，這枚 2.5 克重的 1 美分硬幣的價值已經達到了驚人的 6,952 美元，是其本身幣值的近 70 萬倍！

基於先進的技術和設備，好奇號火星車果然出手不凡。它研究了古老的河床，發現大量非常圓滑的礫石，這與地球上的情況相同：礫石經過長期的水流沖刷打磨。中子反照率設備發現地下含有至少 2% 的水份。蓋爾撞擊坑靠近火星赤道，從理論上講，水份含量應該遠不如南極和北極。好奇號這個發現無疑大大充實了先前的火星研究結論，證明火星土壤中殘餘水份含量並不低，且分佈廣泛，以人類現有技術完全可以提取出來。

好奇號還嘗試將土壤加熱到攝氏 800 度以上，在熱裂解產物中發現了硫化物和甲烷等物質，這極有可能是生命痕跡。它的激光與遠程顯微設備也多次驗證火星表面有含碳和硫的潛在有機物存在；在加熱含有高氯酸鹽的土壤時出現了氯化甲烷，這是一種標準的有機物。不過，好奇號的設備是在極高溫的環境下進行研究，或許某些有機物成份已經被高溫破壞，但這些發現依然鼓舞了人類。

在路過湖泊底部時，好奇號的激光光譜儀竟然在兩個月內檢測到了空氣和土壤中的甲烷含量暴增，這個密度變化是人類不可能察覺的。一段時間後，這裏的甲烷含量又慢慢降低。這

是不是地底有生物跡象的徵兆？還是地質活動或溫度變化導致的甲烷釋放？因為它們都有可能導致火星表面出現短期的甲烷含量變化。好奇號對深層地底無能為力，只能悻悻離開。從長期來看，火星大氣中的甲烷呈現出季節性變化。未來更進一步的研究需要後續探測器來實現，或者採樣送回地球，甚至人類登陸火星去研究。

（圖源：NASA）

好奇號可以精細分析火星岩石和土壤樣本

　　好奇號原計劃服役兩年，它果然超出預期，繼續服役，核電池可以支持它長期工作下去。美國航空航天局已經宣佈將這個任務無限期延長。與此同時，好奇號的升級任務「火星

2020」也在準備中。新一代火星車比好奇號具有更多的、更複雜的功能，相信能夠極大增加人類對火星的理解。

好奇號目前還在繼續工作，其未來的發現也許會再次讓世人驚嘆。

洞察號：觸碰「內心」

此前的各種火星軌道器、着陸器、火星車全方位探測了火星大氣、重力場、地質、磁場和土壤等方面，成果非常豐富。但是，它們無法深入火星地下。蘇聯和美國的撞擊器都失敗了，有關這方面的研究還是一片空白。為探測火星內部地質情況，2018 年 5 月 5 日，一枚宇宙神 5-401 火箭從美國范德堡空軍基地成功發射，它攜帶的洞察號（InSight）火星着陸器是本次任務的絕對主角。這也是這個窗口期唯一的火星探測任務。2018年 11 月 26 日，洞察號用降落傘和火箭反推方式成功降落在火星表面。它配備了最先進的火星地震儀和熱流偵測器，能夠深入探測火星內部情況。

火星地震儀將感受火星內部一絲一毫的震動。火星內部地質運動、隕石撞擊、火衛一的潮汐引力都可以被精確感知到。洞察號還配備了火星自轉及結構探測儀，實時監控火星自轉速度和自轉軸的變化，輔助了解火星內部結構。它還有機械臂，負責把儀器從探測器平台吊到火星表面。此外，它還有相機和小型氣象站等設備。

熱流偵測器需要通過獨特的打井方式在數月時間內像小甲蟲一樣不斷往下挖，最終鑽下火星地面 5 米左右。在它的鑽頭和數米長的連接帶上，分佈着精密傳感器。在未來一段時間內，它們的主要工作是揭開火星內部熱流的神秘面紗。這些熱流可

能來自火星內部放射性衰變、地幔層熱量對流、地表吸收太陽輻射、火星內部各層熱傳導，以及潮汐力引起的微弱摩擦等。這項研究對於了解火星演化過程和未來發展趨勢大有裨益。

本次任務實現了人類火星探測史上的另一個重大突破——微衛星（CubeSat）參與。此前所有火星探測任務，無一不是消耗大量資源、投入高額資金的任務，而且只能發射一個大型航天器。蘇聯和俄羅斯動輒就發射大傢伙，一旦失敗就損失巨大。這次跟隨洞察者號一同前往火星的有一對微衛星，僅有不到 10 公斤的重量。它們並不簡單，是人類歷史上首批用於火星探測乃至深空探測的微衛星。

（圖源：NASA）

洞察號將深入「火星內心」，研究那裏深藏的秘密。

兩顆微衛星分別叫作「瓦力」（WALL-E）和「伊娃」（EVE）。瓦力和伊娃是 2008 年的著名科幻電影《機械人總動員》（WALL-E）中的「男」主角和「女」主角，實際上是兩個小型機械人。在劇情中，瓦力成了被拋棄在地球上的垃圾清理機械人，不知不覺就成為全世界最後一台。伊娃的出現給他帶來了希望，他們共同體驗了充滿奇幻的經歷。這兩個小型火星探測器也是如此，它們結伴而行，飛往茫茫太空。

兩顆微衛星是下一代深空通訊技術的驗證者。它們體量較小，沒有複雜的變軌能力，無法進入環繞火星軌道，只能像水手 4 號一樣快速飛掠。它們在洞察號降落火星的過程中向地球進行直播，唯一的問題就是因為距離遙遠而產生延遲。

傳統着陸器在着陸期間記錄數據，然後將數據壓縮儲存，等待軌道器飛抵上空後上傳數據，再由後者發回地球。這種方式普遍要延遲數小時甚至更長時間，而數據「實時」進行傳輸，

（圖源：NASA）

「瓦力」和「伊娃」成功對洞察號着陸火星的過程進行了直播

是未來星際探索活動必備的通訊技術。此外，兩顆微衛星還驗證了新頻段通訊技術。在洞察號着陸火星時，人類幾乎在「第一時間」得知它所有的着陸和工作情況。

在完成任務後，瓦力和伊娃在火星引力作用下，飄向了宇宙深處。2019 年 2 月，人類徹底失去了與它們的聯繫，兩個小傢伙不知身在何處。

洞察號和兩個小「機械人」具備的黑科技價值不菲。洞察號是基於 2007 年鳳凰號火星着陸器發展而來的，大大減少了研發費用，但加上後續新設備的研發費用和火箭發射費用，它的總造價還是高達 8.3 億美元，不由得讓人咋舌。

（圖源：NASA）

微衛星伊娃拍到的火星

美國航空航天局沒有浪費這個千載難逢的科普機會，在洞察號出發前舉辦了轟轟烈烈的「徵名」活動。美國航空航天局宣佈在洞察號的芯片儲存區留出一個空間給願意「前往」火星的人：你可以註冊自己的名字。在洞察號任務第一次延期後，美國航空航天局又進行徵名，最終收集了超過 240 萬個名字。

這些名字被寫入洞察號的儲存器裏，跟隨它一起飛向火星，永遠留在了那裏。

這是筆者的「船票」，你也在這艘「飛船」上嗎？

出發地：地球，美國，加利福尼亞州，范德堡空軍基地
時間：2018 年 5 月 5 日
目的地：火星，埃律西昂平原（最快樂的平原）
行程：484773006 公里

「洞察號船票」主要信息

現在，洞察號已經初步開始工作，我們靜靜等待它為我們傳回火星火熱的內心「情話」。

俄羅斯夢魘未醒，中國痛失「螢火」

進入 21 世紀的俄羅斯，受到蘇聯解體的巨大衝擊，實力下降不少，但在航天領域依然是綜合實力唯一可以和美國抗衡的國家。在火星探測方面，俄羅斯不甘心就此落魄。2011 年，

俄羅斯計劃了一個創造人類深空探測新紀錄的項目——福波斯——土壤號。想必大家有了心理預期：它又是一個功能超多的巨無霸？

是的，這個探測器重達 13.5 噸，超越之前創下紀錄的「火星 96」探測器的 6.2 噸一倍還多。推進系統大約 11 噸重，被分成四個部份，這暗示它的任務複雜得可以讓人驚掉下巴：福波斯——土壤號進入火星軌道，釋放中國首個火星探測器螢火 1 號。隨後，它變軌前往火衛一，在火衛一降落，採集大約 200 克樣本後返回地球。

這是一個多載荷（兩個國家的複雜探測器）、長週期的探測行星及其衛星，登陸採樣並返回的極其複雜的任務，其難度和意義可想而知。在人類航天史上，蘇聯和美國的探測器從月球，還有日本的探測器從小行星上分別採集樣品並返回過地球。如果俄羅斯火星探測器能從火星的衛星上採集樣品返回地球，必將打破各種紀錄，創造人類航天的新傳奇。按照蘇聯和俄羅斯的一貫風格，這個探測器依然配備了大量儀器，可以全方位分析火星大氣、淺層地表、土壤、磁場等數據，對火衛一的研究也將實現重大突破，可謂雄心勃勃。

這種方案看起來很複雜，尤其是採樣返回看似不可思議，但可行性還是遠遠大於着陸火星並返回的設想。火星有大氣，表面重力接近地球的 38%，探測器在降落過程中要與大氣劇烈摩擦，而且需要克服超高速度，實現軟着陸，降落難度大大增加。同時，火星表面的逃逸速度為 5 公里 / 秒，探測器返回時必須再次克服大氣阻力，至少達到這個逃逸速度。在小小的火衛一上就不存在這個問題，因為火衛一處於真空狀態，重力只有地球的萬分之六，逃逸速度僅為 11 米 / 秒，甚至短跑天才尤塞

恩·博爾特都可能一躍而起，「飛出」火衛一。火衛二的逃逸速度僅為 5.6 米 / 秒，普通人都可以逃離它！因此，對這次任務而言，在火衛一上降落和返回都有可行性。

（圖源：Andrzej Mirecki）

福波斯──土壤號展示模型

　　經過前文介紹，大家或許已經有這樣的感覺：蘇聯和俄羅斯的火星探測器的難度都大到不可思議，而最後難免失敗。

　　的確，令人心痛無比。這個本可以創造偉大傳奇的探測器，像蘇聯 / 俄羅斯五十年內發射的其他火星探測器一樣，再次失敗了！

　　福波斯──土壤號在 2011 年 11 月 8 日乘坐巨大的天頂 -2FG 火箭從拜科努爾發射場出發，10 多分鐘後抵達近地軌道。它信心滿滿地準備變軌，前往火星，第一次變軌成功，第

二次變軌無法實現目標。此時，探測器的太陽能帆板已經打開，與地面建立通訊，但動力系統全無反應，無法掙脫近地軌道。探測器進入等待被地球大氣拖回的狀態。俄羅斯聯邦航天局使出渾身解數拯救它，但最終宣告失敗。

兩個月後，2012 年 1 月 15 日，福波斯——土壤號再也無法抵抗地球引力，在大氣中焚毀，殘片墜入太平洋。和「火星96」探測器一樣，它沒有離開地球便宣告任務失敗。這次失敗讓俄羅斯渴望重振輝煌的夢想再次被擊垮。事後查明失敗原因，探測器芯片受到宇宙高能粒子衝擊而失效，無法發出既定指令。這既是意外，也是硬件技術不過關的客觀現實。俄羅斯探測火星的夢魘，還要繼續下去嗎？

福波斯——土壤號裏藏着中國第一個火星探測器——螢火1 號。它被寄予很大希望，用以探測數千年來中國人眼中熒熒如火的「熒惑」，也是繼日本的火星探測器希望號後，亞洲第二個火星探測器，不過二者都失敗了。2013 年，印度首次探測火星成功，成為第一個成功探測火星的亞洲國家。

螢火 1 號體積較小，長寬各 75 厘米、高 60 厘米，僅 115公斤。由於推進主要由福波斯——土壤號完成，它的 115 公斤重量可以大部份用於有效載荷。螢火 1 號有兩個總寬近 8 米的太陽能電池板，有磁強計、等離子體探測包、掩星接收機和光學成像儀等科學儀器，基本能實現對火星磁場、電離層、大氣成份和地表地貌的研究。由於中國深空測控網絡尚未建設完成，缺乏深空探測任務經驗等原因，中國與俄羅斯合作，讓螢火 1號搭乘俄羅斯火箭和福波斯——土壤號前往火星。

中國人首次觸碰熒惑的機會，就這麼遺憾地消失了，但這不會是終點。

第六章

新時代大幕揭開

蘇聯／俄羅斯在探測火星上屢敗屢戰，美國在經歷大量失敗後換來巨大成功，歐洲在探測火星時勝敗參半，中國和日本首次探測遺憾失敗，印度首次探測便大獲成功，這些都代表着人類渴望征服火星的決心和信心。吸取教訓，不忘初心，腳踏實地，方得始終。下一個十年馬上到來，人類即將迎來探測火星歷史上最繁忙的時代！

美國：繼續拓展火星探測維度

目前只有美國實現了對火星的全方位研究，但這並不是終點，對火星的探測依然有拓展的空間。早在 2012 年 8 月 6 日好奇號火星車成功降落火星不久，美國航空航天局新一代火星車項目就正式立項，這就是「火星 2020」。「火星 2020」基於好奇號開發而來，有一定改進。順利的話，它將在下一個火星探測窗口期出發。按照傳統，在探測器發射前，美國航空航天局將舉辦小學生徵名大賽，為這輛火星車命名。不知道哪位小朋友能夠得到這個殊榮。

（圖源：NASA）

「火星 2020」構想圖

相比好奇號專注於分析火星土壤和岩石構成，「火星2020」專注於尋找生命痕跡。它配備的 X 射線光化學熒光光譜儀可以更加精細地測定土壤和岩石的元素構成，新型地下雷達成像儀則可以探測地下 10 米以內的水冰和鹽水含量，並輔助檢測有機物含量。此外，在升級好奇號相關技術的基礎上，它還有四個重大創新。

第一，它配備了一套火星製氧實驗裝置，這個裝置可以將空氣中的二氧化碳直接轉化為氧氣。對於未來載人登陸火星甚至建立大型基地來說，長期從地球運輸補給很困難，而從火星空氣和土壤中獲取水份、甲烷、液態氧、液態氫等資源，無疑是最佳選擇。氧氣更是必需的，製備氧氣對未來人類生存和火箭燃料來說，意義不言自明。這個設備重 15 公斤，通過非常複雜的反應過程，可以將二氧化碳轉變為氧氣和一氧化碳，一氧化碳可以排出或進行利用。這個實驗的目的是在 50 個火星日內保持每小時產出 10 克純氧的速度。由於耗能較大，實際任務將根據情況調整，目前僅進行短期測試。如果「火星 2020」實驗

（圖源：NASA）

火星直升機構想圖

一切順利，美國航空航天局將會在未來大規模生產這種裝置，這對於未來火星探測而言是重大利好消息。

第二，它配備了一架「火星直升機」。火星大氣密度和氣壓連地球的 1% 都不到，而「火星 2020」將在火星上釋放一架僅重 1.8 公斤的超強直升機。為了能夠飛起來，這架直升機的旋翼需要具有地球同類直升機數倍以上的轉速，每天僅有 3 分鐘工作時間。直升機可以極大地拓展「火星 2020」的探測範圍，每天飛行最大距離 600 米左右。這將是人類歷史上首次將有翼飛行器送入其他星球的壯舉。要知道，人類第一輛火星車旅居者號在幾十天的工作時間內才爬行了 100 米左右，而這架直升機每天的工作里程是它的數倍！

第三，它可以採樣「送回」地球。這輛火星車將收集火星土壤或岩石樣本放到儲存容器中，由後續的探測器發射小型火箭將樣本送回地球。火星車功能強大，但不能和地球上的專業

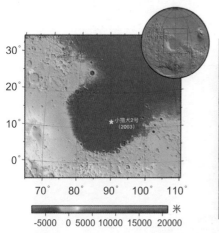
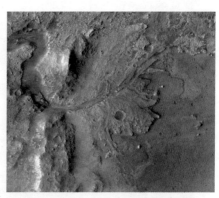

（圖源：NASA）

「火星 2020」計劃着陸地是傑澤羅撞擊坑（左）；
火星偵察軌道器拍到的傑澤羅撞擊坑周圍環境（右）。

實驗室相比。如果能夠將樣本帶回地球研究，將更有價值。

第四，它配備了 23 台相機，堪稱歷史之最。除工程相機和避險相機外，還有能夠實現彩色成像、三維成像、微距成像、發射紫外激光等一系列複雜功能的相機。

可以想像，「火星 2020」能夠實現的功能將大大超越前輩好奇號。當然，它的重量也不小，預計達到 1 噸左右，甚至超越好奇號，成為人類歷史上最重的火星車。這意味着，它將

（圖源：NASA）

用火箭將樣本送回地球的火星探測器構想圖

繼續沿用並升級好奇號的空中吊車技術。在能量方面，「火星2020」將繼續沿用使用鈽-238的放射性同位素發電機，作為長期穩定的能量來源。

目前，「火星2020」已經初步選定巨大的伊西底斯平原西北部的傑澤羅（Jezero）撞擊坑作為探測地點。此前，歐洲的小獵犬2號曾經嘗試在這個平原的中部登陸，不幸失敗。傑澤羅撞擊坑位於古代河流和湖泊的交會處，是一個巨大的扇形三角洲區域。

由於使用好奇號已有技術，「火星2020」在建造成本方面有所降低。但是，由於增加新設備，其目前的預算已經高達21億美元，逼近好奇號的25億美元。它的預算最後有可能超越好奇號，成為人類歷史上最昂貴的火星車。

按照美國航空航天局的傳統，大家可以申請跟隨「火星2020」前往火星的「船票」。

「火星2020」將會在工作期間收集一系列火星樣品，將其封裝起來。在後續計劃中，美國航空航天局將會派出攜帶小型固體燃料火箭和小型火星車的定點着陸器。這個着陸器類似鳳凰號和洞察號，能夠簡單進行探測，但主要被當作小型火箭發

射平台，其攜帶的小型固體火箭有足夠動力攜帶樣本離開火星。最終方案目前並未確定，極有可能是在火星軌道進行一次交會對接，組合體變軌後進入返回地球的火地轉移軌道。這可能意味着還有一個軌道器靜候在火星上空，由此可見火星採樣返回計劃的複雜性。

在此前的探測活動中，日本隼鳥 1 號探測器曾經從小行星採樣返回地球，隼鳥 2 號將再次挑戰這一項目，目前進展順利。美國冥王號探測器從小行星採樣返回的任務也在進行中，目前進展順利。從技術上講，如果固體火箭能將火星樣本送出火星，返回地球的成功率就會很大。

目前，美國新一代大型火箭「太空發射系統」和獵戶座載人飛船的研製進入最後衝刺階段，兩個投入已達 400 億美元的系統將在 2020 年首次合練。其中，太空發射系統最強大的版本將會超過傳奇的土星 5 號，成為人類歷史上的最強火箭。而獵戶座載人飛船也將超越阿波羅飛船，成為未來撐起美國載人航天任務的主力。獵戶座飛船的最終設計目標是載人環繞和登陸火星。美國計劃在 2022 年的窗口期進行無人環繞火星甚至載人環繞火星並返回地球的測試，這是一個龐大的計劃。本書將在後面繼續討論載人探測火星任務。

除此之外，美國航空航天局還有一些正在論證中的新提案，包括專注於火衛一和火衛二研究的軌道器（可以作為信號中繼軌道器的備份）、詳細研究火星大氣（尤其是二氧化碳變化）的着陸器、研究火星兩極冰層下面有機物和生命痕跡的着陸器，以及 2022 年後為着陸器或火星車提供信號鏈路的新一代軌道器等。

歐俄再聯手：再次直擊火星着陸

在探測火星方面，歐洲可謂投入小，產出大。通過國際合作，歐洲的設備得到提升，兩次複雜任務都包含軌道器和着陸器，總成本比美國類似任務低不少。歐洲航天局有過兩次火星着陸失敗的經歷：第一次是在 2003 年，小獵犬 2 號着陸成功，卻未能進入工作狀態；第二次是在 2016 年，斯基亞帕雷利號在最後關頭失控墜毀。這是歐洲航天局深深的遺憾。但是，火星快車軌道器卻取得了驚人的成功，ExoMars 任務的火星微量氣體探測器也仍在工作狀態。

俄羅斯此前有過多麼慘痛的經歷，大家已經深有體會了。進入 21 世紀後，俄羅斯找到了另一條出路：國際合作，平攤風險。俄羅斯在與歐洲合作的火星微量氣體探測器中取得了突出的成果，下一步將會強化與歐洲航天局的「航天合作友誼」。

在這種背景下，歐洲的第三個火星探測計劃、歐俄聯手的第二個火星探測計劃已經鎖定，探測器將在 2020 年發射。這是 2016 年火星生命尋跡之旅的延續，將繼續向火星着陸挑戰。這次任務將採用俄羅斯的火箭發射，探測器主要是歐洲航天局和俄羅斯合作的着陸器和火星車。火星着陸器曾經是蘇聯 / 俄羅斯的強項，畢竟探測器在火星軟着陸就是蘇聯最早實現的。同時，着陸器將搭載一輛歐洲航天局研發的火星車，類似早期探路者號和旅居者號的組合。這個新任務的複雜性顯然將會超越前輩。

目前，歐洲航天局正式給火星車命名為「羅莎琳·富蘭克林號」，向這位在人類 DNA 和脊髓灰質炎研究領域做出偉大貢獻的科學家致敬。羅莎琳·富蘭克林（Rosalind Franklin）在 1958 年因卵巢癌英年早逝，年僅 38 歲。ExoMars 任務的核心

目標是尋找火星生命，用她的名字為探測器命名恰如其份。

進行測試的 ExoMars 火星車，大於機遇號和勇氣號火星車。

　　歐洲和俄羅斯分工明確，各自發揮專長。着陸器用於研究
火星氣象、地表輻射、磁場強度等問題。不過，它首先需要完
成登陸火星的任務，保護好火星車。火星車專注於收集有機物
存在的證據，能夠發現各種潛在的古生物有機分子或其存在過的
細微痕跡。它有一個可擴展的鑽頭，用以獲取火星表面最深 2 米

處的樣本。此外，特製的火星有機分子分析儀、紅外高光譜顯微鏡、拉曼激光光譜儀、中子反照率設備等將成為研究利器。

　　同時，它們還會為歐洲航天局的火星採樣返回地球計劃做準備。歐洲和俄羅斯的方案類似美國的三次任務方案：第一，科研採樣；第二，收集樣品，回到火星軌道；第三，返回地球。如果火星採樣任務能夠完成，將毫無疑問成為人類航天史上的重大突破。

中國：2020 年再次衝擊

　　直到現在，大家一定還在為中國火星探測器螢火 1 號不幸失利而痛心不已。限制中國火星探測活動的並非火箭運載能力。中國的長征 3 號甲火箭專門負責完成高軌任務，已經成功運送了 3.8 噸的嫦娥 3 號和嫦娥 4 號探測器進入地月轉移軌道，配合 2015 年後陸續服役的遠征系列火箭上面級，有足夠能力運送比「嫦娥」小的探測器進入地火轉移軌道，更何況前文提及

嫦娥 3 號探測器（左）和玉兔月球車（右）完成中國首個太空着陸和陸地探測任務

的軌道器大都在 1 噸量級。對探測器制動而言，嫦娥 3 號和嫦娥 4 號都實現了近月一次制動就成功的目標，中國顯然具備實力設計製造在火星附近制動變軌的探測器。

在資金預算之外，那時對中國探測火星造成限制的還有深空探測能力。2010 年，嫦娥 2 號在完成探月任務後飛過 150 萬公里外的日地拉格朗日點，又飛掠 700 萬公里外的圖塔蒂斯小行星，一直飛到 7,000 多萬公里乃至更遠的深空，中國對探測器深空通訊功能進行了系統測試。在深空探測的遙測、控制與導航方面，中國的技術越發成熟。在嫦娥 4 號任務中，探測器在月球背面成功着陸，並釋放了玉兔 2 號月球車。地球和月球背面的通訊工作由鵲橋號中繼衛星完成，這與火星着陸任務中軌道器負責通訊中繼的方式相似。這些年，中國在多項深空探測核心技術上都實現了巨大突破。

中國新一代大型火箭長征 5 號在 2016 年發射成功，它是中國未來 20 年內大型航天任務的主力，足以滿足大型軌道器、着陸器和巡視器組合的火星探測任務發射需求。同時，隨着陸基測控站的升級，海基航天測量船「遠望系列」的更新，天基、天鏈系列衛星的建成和海外（南美洲、非洲等）測控站的積極建設，中國將擁有在地球和宇宙之間近乎無死角的深空通訊能力。

在這種背景下，中國在 2020 年再次進軍火星。或者說，中國真正意義上的第一個獨立火星探測任務已經正式立項，並進入生產製造階段。按照計劃，探測器將在 2020 年 7 月到 8 月的火星探測窗口期從中國文昌航天發射場乘坐長征 5 號前往火星。這將是一個同時實現「繞」、「落」、「巡」的任務：軌道器進入環繞火星軌道，着陸器在火星表面着陸，火星車巡視

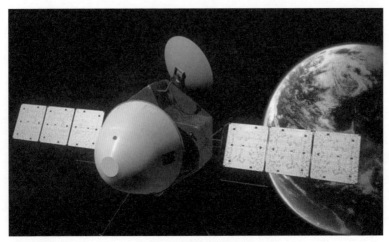
中國火星探測器概念圖

火星表面。

　　這種組合方式有一定必要性，因為中國目前沒有可以作為地球和火星之間信號中繼的軌道器。例如，美國很多軌道器為後來的着陸器和火星車提供信號中繼服務，單獨依靠地面着陸器和火星車很難直接與地球通訊。三者結合共同進入環繞火星軌道的方式，也可以給着陸系統留下更多時間選擇着陸點，與美國維京計劃的方案一致。前文曾講過類似任務，美國維京系列的成功，以及蘇聯和歐洲首次登陸火星失敗，重要原因之一就是前者（美國）的軌道器和着陸器共同進入環繞火星軌道，軌道器擇機降落，而後者（蘇聯和歐洲）的軌道器和着陸器抵達火星後立即分開，着陸器立即着陸。兩者對比，顯然維京計劃優勢更加明顯。因此，中國選取這種方案，也是被歷史證明的最合理選擇。

中國火星着陸器和火星車組合方案

　　從軌道器方面考慮，在科研載荷方面，中國已經有了螢火
1 號的經驗。在中繼通訊方面，中國已經在 2018 年成功發射進
行地球和月球背面信號中繼的鵲橋號通訊衛星，在工程上有足
夠基礎為火星通訊進行信號中繼。從着陸器方面來看，固定着
陸點僅能分析一小塊區域，以現在的國際火星研究進展來看，
定點着陸器很難有新的發現。由此看來，製作能夠移動的火星
車勢在必行。中國在嫦娥 3 號和嫦娥 4 號任務中成功對着陸器
和巡視器進行組合，嫦娥 4 號和玉兔 2 號月球車甚至抵達月球
背面。中國在火星探測中實現着陸器與火星車的組合，也有一
定的工程實踐基礎。

中國此次火星探測將是一個複雜任務。除負責信號中繼外，軌道器會配備分辨率和光譜不同的相機，用來拍攝中國首張火星全圖。此外，它還攜帶有次表層探測雷達、礦物探測儀、磁強計、離子與中性粒子分析儀和能量粒子分析儀等先進儀器，用來研究火星磁場、地面表層元素、大氣和中性粒子、全球地貌（高程）等。按照計劃，軌道器自身重量在 3 噸左右，燃料重量佔總重的絕大部份，這種設計有助於讓有效載荷進入環繞火星軌道。

着陸和巡視部份會配備常規的小型氣象台、相機、通訊設備、地表磁場研究和土壤基本分析設備等，預計重 1 − 2 噸。對於重頭戲火星車，中國曾在 2018 年第 69 屆國際宇航大會上展出了模型並介紹了基本功能。這輛火星車重量將達到 240 公斤，超過此前美國的勇氣號和機遇號，與歐洲新一代火星車接近，這意味着它是一個功能強大的系統。火星車底部將裝有地表穿透雷達，用以研究火星深層土壤情況。磁場感應設備可以確認着陸和探測區域的地表磁場情況。此外，土壤和岩石主要成份也是重要探測對象，在常規的水和各種元素外，有機物也是必採項。作為整體系統，它也會配備導航儀和微距相機等，以便傳回更多火星表面的細節。通訊設備、太陽能電池板、電池等也是必需設備。相關技術有的已經在玉兔號和玉兔 2 號月球車上有所體現，進一步提升工程應用空間是可行的。

從整體來看，中國在 2020 年火星探測窗口期的這個任務很有挑戰性，若能成功，意味着中國一次走完了此前蘇聯和美國用幾十年走過的歷程。在擁有科技後發優勢的情況下，這有一定合理性，但也面臨風險。但是，挑戰高難度對中國航天人而言並不奇怪，中國的航天精神有這麼幾句話：

「自力更生，艱苦奮鬥，大力協同，無私奉獻，嚴謹務實，勇於攀登。」

2020 年，讓我們拭目以待中國熒惑遇上西方戰神的那一天！

中國火星車概念圖

商業航天正當時

2018 年 1 月 28 日，美國太空探索科技公司（SpaceX）設計的獵鷹重型火箭從具有傳奇色彩的甘迺迪航天中心 LC-39A 發射平台成功起飛，這裏是 50 年前阿波羅登月飛船和 40 年前太空穿梭機出發的地方。可以説，人類登月的一大步就是從這裏邁出的。而現在，探索太空的接力棒已經有慢慢傳給商業航天企業的趨勢。

2018 年，獵鷹重型火箭騰空而起

　　進入新世紀後，在美國政府主導下，美國航空航天局的主要研究方向聚焦於科學研究，在航天工程領域鼓勵私營企業進入。在這種形勢下，以太空探索科技公司、藍色起源（Blue Origin）等為代表的火箭公司快速崛起。

　　後續發展大大超出所有人預期，這些航天公司發展速度驚人。例如，獵鷹重型火箭已經可以將 64 噸載荷送入近地軌道，而 50 年前土星 5 號登月火箭達到的最高紀錄是 140 － 150 噸（均為理論設計值）。蘇聯曾成功發射過近地軌道運力為 100 噸級的能源火箭，而蘇聯和美國的太空穿梭機的實際有效載荷僅為 20 噸級別。蘇聯 N1 登月火箭從未成功，獵鷹重型火箭已經排名運載火箭的第三名，是現役火箭世界第一。一枚嶄新的獵鷹重型火箭造價在 1 億美元，而土星 5 號的價格換算成今天的幣

值在 10 億美元以上。獵鷹重型火箭甚至可以實現火箭核心第一級的回收，造價由此可以進一步大幅降低。總體而言，獵鷹重型火箭的性價比極高。

更讓人不可思議的是，這次發射的獵鷹重型火箭的有效載荷僅是一輛車，目標也非常簡單——飛掠火星，類似 1965 年美國首個火星探測器水手 4 號的飛掠任務。

這輛車不具備航天器功能，無法精準變軌靠近火星，也沒有真正意義上的航天探測有效載荷，甚至在發射不久就完全失聯（沒有穩定的通訊設備），但這個不可思議的「航天任務」還是讓人驚掉了下巴。

太空探索科技公司的創建者是埃隆·馬斯克。按照他的說法，創建太空探索科技公司的目的並不只是發射火箭，而是要征服火星，讓人類成為跨越星球生存的生物。

除火箭外，太空探索科技公司還擁有可回收的貨運飛船和載人飛船。此外，該公司還有野心勃勃的大獵鷹火箭，可以在太空中加注燃料，還可以回收利用。在太空加油接力後，它完全有能力運送 150 噸重的飛船前往火星。據太空探索科技公司官方公佈的消息，大獵鷹火箭已經基本研發完畢，最早在 2020 年進行測試。如果一切順利，它可以在 2022 年火星探測窗口期進行載人火星探測活動：一個乘組前往火星軌道後返回，並不登陸火星。在更遙遠的未來，以編隊方式降落火星並返回地球的目標也可能實現，人類或許最終可以實現「殖民」火星的願望。馬斯克把這套系統叫作「星際運輸系統」。

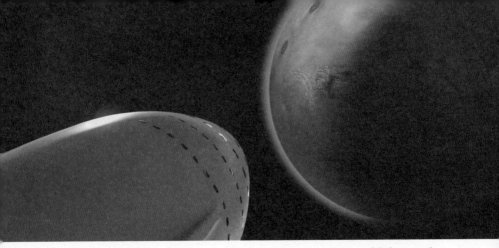

在太空探索科技公司官方宣傳中，星艦成為地球與火星之間星際運輸系統的標誌。

由於幾乎核心火箭結構都可以回收，所用燃料液氧和甲烷的價格又大大低於常規燃料，所以整套系統性價比非常高（相對美國航空航天局的方案）。太空探索科技公司的方案聽起來過於美好，甚至帶有科幻色彩，但誰也不敢否認商業航天具有強大潛力。在一片質疑聲中，太空探索科技公司曾經取得火箭一級回收、貨運飛船回收、重型火箭發射和載人飛船回收等不可思議的成就，或許它真有可能最先讓人類踏上火星。

太空探索科技公司並不孤獨，傑夫·貝佐斯創建的藍色起源同樣目標長遠。這家公司在火箭回收、載人飛船領域可以和太空探索科技公司匹敵，新型的正在研究的新格倫（New Glenn）火箭不亞於獵鷹重型火箭，而新阿姆斯特朗（New Armstrong）火箭同樣以征服火星為目標。2019 年，藍色起源發佈了「藍色月亮」月球着陸器的相關信息。這個着陸器功能多，運載能力強，擴展空間大，其未來發展空間頗大。

由世界第一軍工企業洛歇·馬丁和世界第二軍工企業波音組建的「聯合發射同盟」（United Launch Alliance）在成立後便壟斷了美國航天發射市場，但這些年遭到太空探索科技公司

和藍色起源狙擊。在重型航天發射領域，這兩家公司自然不會主動放棄。2020 年前後，二者聯合研發的新一代重型火神火箭將會起飛。此外，它們正在研究新一代載人飛船和月球着陸器等。在未來的火星探測任務中，二者依然是實力玩家。

當然，這幾個只是典型案例，還有大量私營航天公司瞄準了這片紅海。商業航天企業對火星的想像力和征服力，也許會大大超出我們的想像。

百花齊放的火星探測時代

這個世界，從來沒有一個國家在航天探索中遭遇蘇聯和俄羅斯在探測火星時面對的失敗。在探測金星過程中，蘇聯曾經有多次成功着陸的壯舉，讓世人驚嘆。蘇聯在首次軟着陸火星任務中取得成功，其數個火星探測任務都代表了人類當時探測火星的新高度。在火星探測領域，蘇聯是唯一能與美國長期抗衡的國家。不幸的是，蘇聯在火星探測中反覆失利。猶如詛咒一般，這個夢魘被留給了俄羅斯，令人倍感心酸。

通過與歐洲合作，俄羅斯近年取得一些成功，但顯然心有不甘。俄羅斯決心彌補福波斯——土壤號留下的遺憾，計劃讓探測器圍繞火星飛行，降落火衛一，採樣後再返回地球。

與此同時，在從小行星採樣返回領域頗有建樹的日本也提出了自己的從火衛一採樣返回、飛掠火衛二的探測方案。這個方案由日本宇航局主導，還有美國航空航天局、歐洲航天局和法國宇航局等國際合作夥伴參與，可謂實力強勁。日本探測器預計在 2024 年出發，在 2025 年初抵達火星。

（圖源：NASA/JAXA）

**日本新一代火星
探測器構想圖**

　　首次探測火星便大獲成功的印度，將衝擊下一個目標：登陸火星。印度計劃在 2022 年火星探測窗口期發射曼加里安 2 號。這個探測器同樣是軌道器和着陸器的結合，軌道器環繞火星，着陸器在火星登陸。

　　幾乎世界上的任何國家都有自己的火星神話，火星探測夢也是每個地球人都有的夢想。新世紀的科技進步使很多國家的航天夢逐漸成真，一些國家為火星探測注入了新的動力。加拿大將挑戰火星着陸和火星車釋放任務；阿拉伯聯合酋長國投入鉅資，希望完成阿拉伯世界的首次太空之旅；芬蘭計劃探測火星並挑戰火星着陸任務；韓國也希望盡快成為第四個探測火星的亞洲國家；還有更多的商業航天公司提出了讓人眼花繚亂的創新想法。

　　總而言之，這是一個百花齊放的火星探測時代。

人類的科學技術發展得越來越快，火星探測活動也會越來越豐富。從 1960 年至今，火星探測活動成功率僅一半左右。

失敗、成功、興奮和苦楚，種種情緒交織在一起。火星探測成敗無法預測，卻不該為之感傷，因為希望一直都在。

隨着對太陽系外行星的研究逐步深入，到目前（2019）為止，人類已經發現了 4,000 多顆類地行星，其中近六分之一有存在生命的可能。2009 年進入太空的開普勒太空望遠鏡證明，平均每個恒星系統就會擁有一顆行星。銀河系內的恒星大約有 1,000－4,000 億顆，宇宙中像銀河系這樣的大型星系更可能高達 1,000 億甚至上萬億個，宇宙的半徑也隨着人類觀測能力的提升而逐漸擴大，像地球這樣的行星一定數量驚人。

在太陽系內，木星系統的木衛二、木衛三、木衛四、木衛六和土星系統的土衛二、土衛六上有液態水甚至液態甲烷被發現，有存在生命的可能。對火星的探索不斷深入，水、甲烷、高氯酸鹽、簡單有機物不斷被發現，人們對火星地下的生命痕跡更加充滿了想像。不管怎樣，任何太空生物的發現，無論科幻小說中的高級文明生物，還是類似地球幾十億年前存在的初級生物，它們都將回答一個人類面臨的終極問題：

我們是宇宙唯一的子女嗎？

答案自然是否定的。

人類將被定義為一種新物種，**一種暫時只能生活在一顆行星（地球），最遠只能到達行星衛星（月球）的高級碳基生物。**

人類顯然不能滿足於此，我們渴望被定義為**一種能夠跨越星際生存的高級碳基生物。**

走出地球似乎是我們從渺小邁向偉大的必經之路。火星就是下一站，那裏總是熒熒如火，令人嚮往。

第七章

從地球到火星

(圖源：NASA)

經過前文分析，我們已經可以確認，人類航天深空探測的下一站必定是火星。

一位司機從家中出發前往目的地有三個步驟：啟動汽車，開車，停車。從地球出發前往火星也需要三個步驟：擺脫地球引力和稠密大氣，進入太陽系內星際空間，到達火星並降落在上面。

離開地球、前往火星和降落火星之旅，將從這裏開啟。

第一步：擺脫引力，離開地球

大眾描述科學家的傳奇經歷時總是喜歡講故事，比如下面的傳聞：一個蘋果從樹上掉下來，恰好砸到牛頓頭上。這位科學巨擘於是「腦洞大開」，提出了影響全人類數百年的萬有引力定律和三大運動定律，它們成為研究宇宙萬物的不二法則。下至石子，上至天體，都受萬有引力作用的影響。

太陽系當然如此。太陽佔有太陽系 99% 以上的質量，是絕對的引力中心，它束縛了太陽系幾乎所有天體。如果蘋果樹突然靜止出現在太陽系內，蘋果從樹上「掉落」時就會被太陽巨大的引力吸引，奔向太陽。不過，如果蘋果已經像地球一樣有了一定速度，萬有引力就起到向心力作用，這顆蘋果就會在太陽系內圍繞太陽運動，正如太陽系內無數星際塵埃一樣。

在地球上也是如此。把一個物體扔出去，它一定會受地球重力影響而落下；如果它的運動速度很快，就需要更長時間才能落到地上。當一個物體運動速度非常快，達到航天器的飛行速度，它就會一直「往地上掉」卻掉不下來（地球近於球形）。

這就是環繞地球運動，軌跡是一個橢圓（圓是偏心率為 0 的橢圓）。為了在地球表面環繞地球運動，任何物體必須達到 7.9 公里／秒的速度，這個速度叫作第一宇宙速度。不過，地球表面有稠密的大氣，在這種速度下，物體會受到巨大的空氣阻力。例如，汽車速度為 30 米／秒，這時打開車窗，坐在車裏的人很難睜開眼睛，這就是由於空氣阻力。因此，衛星必須飛得很高，以逃脫地球大氣。在一般情況下，衛星的飛行高度在距地面 200 公里以上。中國的天宮 2 號空間實驗室位於距離地面 400 公里之上，這裏的空氣阻力很小，它的運動速度大約是 7.7 公里／秒，可以在幾乎不消耗燃料的情況下長期穩定地圍繞地球運動。

如果航天器想徹底擺脫地球引力的束縛，就需要進一步加速。這樣的話，即使地球引力的影響範圍從理論上說是無限遠，也無法把它拖回來，最多是在無限遠處把它的速度降到接近 0 米／秒。這就是航天科學家說的逃逸速度，或者第二宇宙速度。從地球表面出發，探測器相對地球的速度需要達到至少 11.2 公里／秒。實際上，地球表面稠密的大氣根本不可能讓它以這個速度離開。因此，探測器一般先脫離大氣層到達近地軌道，那裏的地球引力變弱，只要在已經獲得的速度基礎上稍微加速，達到 10.9 公里／秒的相對地球的速度就夠了。同樣道理，地球最外層的大氣分子在獲得一定太陽輻射能量後加速，就有機會超過這個速度而逃離。

如果要從火星逃逸，需要的速度大約是 5.0 公里／秒，比地球容易得多。

然而，離開地球進入環繞地球的軌道就已經困難重重，巨大的火箭需要消耗天量燃料才能把數噸重的物體送入太空。現

（圖源：Godfrey Kneller）

牛頓提出的萬有引力定律和三大運動定律成為天文學基礎理論，
後人就是站在這位巨人的肩膀上。

在的火箭，平均 100 噸自重，僅能運送 3 - 5 噸重的航天器進入環繞地球的近地軌道（一般在 200 - 2,000 公里高）。如果渴望擺脫更大的地球引力的束縛，將物體送上 35,786 公里高的地球同步軌道（圍繞地球運動一圈恰好是 24 小時），就必須使用三級甚或更多級火箭。在這種情況下，火箭的運送能力比近地軌道會降低一半左右。

如果航天器想走得更遠，對火箭的要求將進一步提升。如果將探測器送到 38 萬公里外的月球，探測器重量與火箭重量的比例就降到 1% - 2%。阿波羅登月計劃使用的土星 5 號火箭，重達 3,000 噸，僅能運送 45 - 48 噸重的飛船到地月轉移軌道。要知道，它能夠運送 140 - 150 噸重的物體到環繞地球軌道。當然，這是以土星 5 號巨大的燃料消耗量為代價的：它的一級火箭每秒鐘燃燒 13 噸燃料。換作汽油，其 1 秒鐘消耗的燃料足夠一輛每 100 公里耗油 10 升的普通家用小汽車行駛 18 萬公里，能夠繞地球赤道 4 圈多！

運送物體到火星更加困難。以目前探測火星最為成功的好奇號火星車為例，承載它的是宇宙神 5-541 火箭，核心推動部份包括 1 個宇宙神 -5 型核心級、4 個固體助推器和單台發動機的半人馬上面級，使用了 5.4 米直徑的超大整流罩，因而型號為 5（V 型核心級）-5（整流罩尺寸）4（助推器數量）1（上面級發動機數量）。它的重量高達 531 噸，而其負責運送的好奇號組合僅重 3.8 噸，運載效率僅為 0.7%。

好奇號 3.8 噸重的組合體絕大部份是為火星車降落而存在的，火星車核心部份僅 0.9 噸。好奇號總共花費 25 億美元，價值約 40 噸黃金。人類為夢想而願意付出巨大的代價。

前往火星的火箭運載效率進一步降低的主要原因是：航天

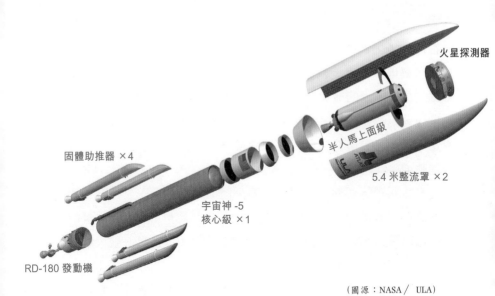

火星探測器

固體助推器 ×4

半人馬上面級

5.4 米整流罩 ×2

宇宙神 -5
核心級 ×1

RD-180 發動機

（圖源：NASA／ ULA）

宇宙神 5-541 火箭基本結構

器擺脫地球前往其他行星時需要面對太陽帶來的巨大挑戰。航天領域有個名為「希爾球」的概念。任何探測器都會同時受到地球和太陽的引力，二者的相對強弱和影響範圍取決於航天器與它們的距離，結果是太陽的巨大引力將地球的引力主導影響範圍「壓縮」到一個半徑之內。在這個半徑內，地球引力佔主導地位，一定速度的探測器或衛星將受影響圍繞地球運動，當這些探測器或衛星脫離地球後，就會更多地受到太陽引力的影響。這個半徑形成的球就叫作「希爾球」或「洛希球」。這一概念是由美國著名天文學家喬治・希爾（George Hill）在法國天文學家愛德華・洛希（Édouard A. Roche）的研究基礎上得出的。地球的希爾球半徑約 150 萬公里，但這個數字只是理論極限。實際上，在接近這個值之前，衛星軌道就已經很難維持穩定。希爾球是星球之間角力的結果，星球大小和其所處位置

很重要。例如，冥王星質量只有地球質量約五百分之一，但由於距離遙遠，受太陽影響很小，所以希爾球的體積比地球的大了很多倍。

（圖源：NASA）

太陽強大的引力束縛住了太陽系內所有星體，
銀河系又束縛住了太陽系在內的海量小型星系。

　　這也解釋了為甚麼距離太陽越近的行星衛星越少。對於某些環繞行星的衛星而言，它們要同時與太陽和行星「角力」，基本不可能擁有自己的「衛星」。在理論上，靠近太陽的行星形成時距離太陽系中心更近，那裏的初始物質更加密集，更容易形成更多的衛星。但是，由於距離太陽太近，它們的希爾球

被壓得很小。在數億年的歷史中，這些行星的衛星隨便出點意外就會使軌道不穩定，被太陽「搶走」或甩出太陽系，所以這些行星很難留住衛星。靠近太陽的幾個類地行星中，水星和金星沒有衛星，火星僅有兩個小不點衛星。地球有月球這麼大的衛星，簡直就是奇蹟。遺憾的是，關於這個奇蹟，科學界依然沒有找到確切的答案。

總而言之，從地球出發的探測器一旦脫離地球的希爾球，就會被太陽巨大的引力影響，被太陽引力牢牢拖着減速（遠離太陽）或加速（接近太陽）。如果一個探測器想徹底逃脫太陽束縛，飛出太陽系，其速度就要遠遠超過逃脫地球需要的速度。探測器在地球的位置附近需要達到相對太陽 42.1 公里 / 秒的速度，否則在沒有外力幫助下（如其他行星引力）一定會被太陽拉回來。

幸運的是，地球不停地自轉，也帶着人類不停地繞着太陽公轉，這個相對太陽的速度是 29.8 公里 / 秒。因此，所有探測器在出發時就具有這個巨大的速度。在逃離地球之後，探測器如果想徹底擺脫太陽系，就需要在此基礎上加速至少 12.3 公里 / 秒。因為需要克服地球引力的影響，所以探測器就必須相對地球加速更多，速度需要達到 16.7 公里 / 秒，這個速度被叫作第三宇宙速度。

探測器的動能來自火箭，根據動能定理（能量跟速度的平方成正比），探測器飛得稍遠一點就需要更高的速度逃離，對火箭供能的要求會大幅提升。一次徹底擺脫太陽引力的任務對火箭要求極高，目前僅有 2006 年發射的新視野號在離開地球和太陽時達到並超過這個速度（相對太陽速度在 45 公里 / 秒左右），當時是一個重達 569 噸的宇宙神 V-551 型火箭全力推送

一個 0.478 噸重的探測器。其他四個目前能夠脫離太陽系的探測器（1972 年先驅者 10 號和先驅者 11 號，1977 年旅行者 1 號和旅行者 2 號）就要依賴木星等各大行星的「引力助推」才可能實現，甚至新視野號在飛行途中也受到木星「助推」。可以想像，這些探測計劃的軌道設計一定格外複雜，本書不多作討論。

幸運的是，火星探測器的真正目的並不是逃離太陽系，而是抵達火星。探測器進入火星希爾球時，如果速度和位置適當，就會被火星引力捕獲，火星就會成為探測器對抗強大太陽引力的堡壘。所以，前往火星的探測器並不需要達到相對太陽 42.1 公里／秒的速度。按照下文介紹的霍曼轉移方式，它的速度只需達到 32.7 公里／秒左右即可，並不是一個很難達到的速度。

（圖源：NASA）

新視野號擺脫太陽引力束縛，創造了最快飛出太陽系的奇蹟。新視野號是目前唯一的探測冥王星和更遠天體的探測器。

為抵達火星，基於地球賦予的慣性速度，探測器在理論上只需額外以 2.9 公里／秒的相對速度沿着地球運動的切線方向逃離地球即可。實際上，探測器從近地軌道出發，其速度額外增量要至少達到 3.6 公里／秒左右，並不難實現。火星探測器越重就越難推，但總會有合適的火箭滿足要求。按照這種邏輯，如果從地球出發前往火星之外的木星，則需要額外加速 8.8 公里／秒（理論值）。現在的火箭很難達到這個要求，或者可以再次像新視野號一樣「大馬拉小車」。

　　人類比較幸運。地球自身引力大小適中，圍繞太陽公轉的初速度足夠快，所處位置的太陽引力大小適中，距離附近其他星球位置不遠，所以探測器能夠藉助火箭的力量逃離地球，也可以相對輕鬆地進行太陽系內的「短途」旅行。

　　舉例對比說明就更加明顯：水星距離太陽很近，質量很小。探測器加速到 4.3 公里／秒就能夠逃離水星，卻需要 67.7 公里／秒才能逃離太陽。即使水星公轉速度為 40 公里／秒，也需要額外補充很多能量，而人類現有火箭還很難做到這一步。木星距離太陽很遠，探測器只需 18.5 公里／秒的速度就可以逃出太陽系，卻需要 60.2 公里／秒的速度才能逃離木星。

　　逃離水星（太陽引力主導）和木星（木星引力主導）進行星際航行難度要大得多。因此，如果人類是生存在這些星球上，很難進行航天探索。人類恐怕無法逃離太陽系，甚至連自身所在的星球都很難逃離。

　　大家可以想想：自身引力很小，距離太陽引力中心更遠，在太陽系內位置極佳的火星，是不是一個太陽系內極其理想的星際旅行基地呢？

第二步：霍曼轉移，億里奔襲

探測器有了足夠的速度逃離地球，科學家下一步要做的就是設計星際旅行路線。科幻影視作品中經常出現以光速級別的速度運動的飛船橫衝直撞抵達目標的場景，這裏進行一下糾正。相比而言，光速是 30 萬公里 / 秒，新視野號相對太陽的速度僅45 公里 / 秒。這樣的速度可以說是人類目前能夠做到的極限，但比起光速依然不值一提。在真實的星際旅行中，人類探測器不可能直線飛出地球前往下一目標，這種完全不考慮其他星球巨大引力的直線運動是人類無法做到的，只能存在於想像之中。航天器實際運動軌跡一定是符合萬有引力定律和開普勒天體運行三大定律的橢圓；橢圓的焦點是主要引力源，在太陽系內自然是太陽。

因此，科學家必須想辦法設計出最優方案解決地球到火星的星際旅行問題。1925 年，沃爾特·霍曼（Walter Hohmann）博士給出了這種星際旅行的最佳解決方案，該方案因此被後人叫作霍曼轉移軌道（Hohmann transfer orbit），它是以節約能量為原則的理想方案。

以前往火星的探測器為例，假設火星和地球軌道都是圓形，霍曼轉移軌道的思路大致是：在地球和火星的環繞太陽的軌道之間選擇一條橢圓路線，橢圓與地球運行的軌跡外切，與火星運行的軌跡內切，以太陽為橢圓的一個焦點。根據開普勒定律，探測器離開地球時所處位置為近日點，相對太陽速度最大，約32.7 公里 / 秒；探測器到達火星時所處位置為遠日點，相對太陽速度最小，約 21.5 公里 / 秒。

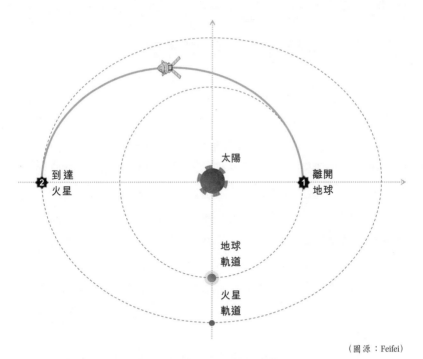

太陽

到達
火星

2

離開
地球

1

地球
軌道

火星
軌道

（圖源：Feifei）

從地球前往火星的探測器幾乎都使用類似的霍曼轉移軌道

　　前文講過，前往火星對於現在的人類航天技術而言並不是大的挑戰，探測器在擺脫地球引力後，在地球賦予的圍繞太陽公轉的速度上加速即可。靠近火星，探測器在霍曼轉移軌道遠日點的速度較慢，還需要加速到火星 24.1 公里／秒的公轉速度。不過，就像地球在探測器出發時送上慣性速度作為「禮物」一樣，火星在迎接它時會用引力幫助它加速，探測器反而要避免速度過快而進行制動。探測器總體上會加速兩次，一次是加速離開地球進入霍曼轉移軌道，一次是在快要抵達火星時加速趕上火星。

　　這種軌道有巨大優勢。從理論上講，探測器的推進系統只需在軌道近日點（地球）和遠日點（火星）工作兩次即可，能

量需求很低，大大降低了燃料消耗，也降低了對推進系統的要求。火箭發送探測器到地火轉移軌道的運輸效率不到 1%，能節省一噸燃料就意味着火箭重量可以減少超過百噸，這樣做大大降低了對火箭的要求，同時拓展了探測器的設計空間。

但是，霍曼轉移軌道也有時間長的缺點。探測器需要按部就班地按照橢圓軌道運動，走完整個橢圓近一半的路程。火星軌道和地球軌道最近僅相距 5,000 多萬公里，而標準霍曼轉移軌道卻長達 6 億公里，需要探測器飛行 260 天左右，是地球和火星直線距離的十幾倍。這只是理論計算值，火星軌道實際上是一個偏心率為 0.1 的橢圓，它與地球的最近距離時遠時近，霍曼轉移軌道長度也不盡相同。此外，火星圍繞太陽運動的軌道面與黃道平面（地球圍繞太陽運動的軌道面）也存在一個 1.8 度的夾角，這使設計從地球到火星之間的霍曼轉移軌道變得更加複雜，必須是大型專業航天機構才能勝任的。

為找到這樣一條軌道，人們需要提前很久計算火星和地球的相對位置，以使探測器與火星能夠準時相遇。這有點類似讓一個人在滑翔機上（運動速度較快的地球）扔（發射）一粒小石子（探測器），在提前很遠的地方（發射窗口），中間有風和空氣影響（恒星和行星等各種引力源），準確穿過地面一輛左右前後運動（火星圍繞太陽運動軌道傾角不同，有大偏心率）的小汽車（運動速度較慢的火星）天窗（引力影響範圍，希爾球）後，再掉到司機的水杯裏（環繞火星軌道）。即使不考慮着陸，探測火星的難度已經可想而知。

當然，利用霍曼轉移軌道是火箭和探測器能夠平穩運行的最低需求，如果探測器重量不同，在離開地球時運動速度不同或方向稍微不同，軌跡也會有所不同，時間可能縮短或延長。

20 世紀 70 年代，美國和蘇聯爭相發射第一個環繞火星的探測器時就出現了這麼一幕：早出發的蘇聯火星 2 號和火星 3 號探測器並沒有在美國水手 9 號探測器之前抵達火星，它們的重量、性能和發射用的火箭完全不同。水手 9 號輕很多，最後勝出。

　　因此，霍曼轉移軌道還可以改進為「快速轉移軌道」。與霍曼轉移軌道相比，探測器出發時速度更快，或者在途中用發動機改變航線，這相當於抄近道。相比傳統的霍曼轉移方式，這種方式增加了對發動機的要求，需要消耗更多燃料。它能節省的時間有限，只適合於一些重量較輕、發射火箭強大、途中可消耗燃料的探測任務。例如，2018 年出發前往火星的洞察號，重約 700 公斤，淨重 360 公斤。宇宙神 5-401 火箭將它送出地球後，火箭半人馬上面級可以長期工作，探測器自身也可以變

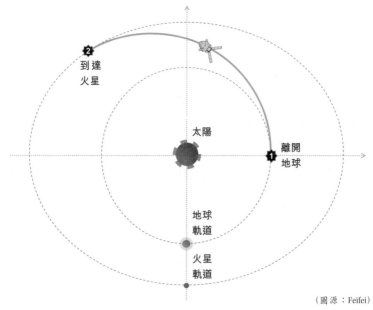

（圖源：Feifei）

快速轉移軌道是霍曼轉移軌道的升級版

軌，減少行程時間。洞察號在 2018 年 5 月 5 日從地球出發，它擁有強大的火箭和最好的時間窗口，依靠快速轉移軌道設計，全程僅 4.8 億公里，用時約 7 個月即抵達火星。相比而言，更重的印度曼加里安探測器（1.3 噸）依靠性能偏弱的印度 PSLV-XL 火箭，走了 7.8 億公里，耗時 11 個月才到達火星。

從理論上講，快速轉移軌道無限優化下去就會出現科幻電影中「直來直往」的宇宙飛行場景。但這畢竟只是想像，探測器在這種軌道提升速度意味着巨大的能量消耗，一般只有抵達火星後立即執行着陸任務的着陸器適合使用，而把每滴燃料視為珍寶的軌道器幾乎不會使用。像奧德賽號、偵察軌道器這種軌道器節省能量十分必要，它們需要盡力延長工作時間。另外，傳統化學燃料火箭和推進系統存在上限，無法輕易突破六個月左右的旅程這一巨大屏障，沒有時間優勢。但是，快速轉移軌道在未來無疑是一個非常可行的方案，特別是在新推進技術逐漸成熟的情況下，而離子電推進和核能推進技術都將大大改變現狀。

美國、俄羅斯、歐洲和中國目前都已經掌握了最新的離子電推進技術。這種技術一般是將粒子（如惰性氣體氙和氪）在超高電壓下電離並送入強大電磁場中，離子被加速到每秒數萬米乃至二十萬米的速度後衝出發動機，從而獲得反推力，其速度遠遠超過傳統化學燃料產生的每秒幾公里級別的速度。在航天發動機領域有一個「比衝」概念，用以綜合衡量單位質量燃料的推進能力，這個數據通常用秒來衡量，越大越好。例如，傳統固體燃料和液體燃料比衝僅為 250 － 480 秒，離子電推進的比衝是這個數據的 10 倍。目前新型發動機的比衝甚至可以達到 2 萬秒級別，發動機更小，效率卻更高。在阿波羅登月計劃

後出現的核能推進技術，其比衝也大幅高於化學燃料。遺憾的是，科學家擔心核能推進設施在離開地球後發生爆炸事故，造成核輻射。於是，這一技術逐漸淡出了人們的視野。

（圖源：NASA）

早在 1998 年的深空 1 號任務中，美國航空航天局就首次
成功驗證了離子電推進技術在深空探測中的應用。

　　離子電推進技術也有重大缺陷，相比傳統化學燃料技術，推力極小，僅為毫牛頓到牛頓級別。它的非凡之處在於消耗燃料極少（僅為傳統燃料的十分之一，甚至更少），而且在燃料用盡前幾乎可以不停工作。不過，聚沙成塔，這些離子推進器長期工作下來有愚公移山的效果。在實際應用中，化學火箭將巨大的探測器送入深空，而後離子電推進發動機開始工作。由於沒有空氣阻力，其推力效果逐漸累積，探測器逐漸加速，反而能取得驚人效果。因此，在未來的火星探測乃至星際航行中，

使用離子電推進系統可以縮短航行時間，基於這種技術設計的快速轉移軌道方案會有一定優勢。

霍曼轉移並不是唯一方式，還有一種「衝點航線」。衝點是指火星與地球、太陽連成一線的時間點。由於地火軌道形狀和二者速度不同，地球與火星距離的最小值往往並不在衝點，而是在衝點附近的 1 − 2 周。探測器在衝點附近出發，不過不是直奔火星，而是飛向金星和太陽。太陽和金星的引力會形成強大的「引力彈弓」效應，遠超人類現有技術能夠提供的能量。在這個過程中，探測器發動機適度工作，校正軌道。由於路過太陽附近，這條路線測控和通訊的難度很大，輻射量也遠超一般任務。總的來說，這種方式很遠，很難，也很危險。這種方式可將探測器前往火星的時間控制在 7 個月以內，但目前看來並不值得去實踐，因為時間沒有節省很多。

總體而言，人類航天發展水平依然遠遠沒有達到輕易擺脫地球和太陽引力的地步，探測器無法像科幻電影一樣橫衝直撞地做直線運動。依賴化學燃料的火箭將依然是主導，離子電推進、核能推進等新推進技術在短期內並不能有效用於火星探測。霍曼轉移軌道和經過優化的快速轉移軌道依然是未來核心的深空探測方案，人類還需要在此基礎上慢慢努力。

第三步：抵達火星，切入軌道

利用火箭助推，探測器獲得了擺脫地球引力的能量。再經過地球和火箭上面級的幫助，探測器獲得了從地球到火星短途旅行需要的能量，不至於被太陽拖走。使用精心設計的霍曼轉

移軌道，探測器能夠節省大量能量，最終順利抵達火星附近。

在進入火星附近的霍曼轉移軌道末段時，火星即將出現在此次旅途的目標軌道上。此時探測器處於以太陽為焦點的大橢圓軌道的遠日點，它的速度在這裏較慢，僅 21.5 公里 / 秒。為跟上火星，探測器需要再一次在火星引力和自身推進系統的作用下加速至 24.1 公里 / 秒，離開霍曼轉移軌道，切入火星環日軌道，從而能夠被火星引力俘獲。此時，它要以合適速度和方向衝進火星希爾球。弱小的火星希爾球半徑大約 100 萬公里，而探測器需要到達希爾球內部約三分之一的位置才能夠維持相對穩定的軌道。

最終，經過數億公里、穿過漆黑空曠的空間、持續 6 － 11 個月的旅途，探測器看到了那顆紅色星球。探測器加速使自身軌跡和火星軌跡部份重合，二者相對太陽的速度幾乎一樣。此時，火星引力開始起更大作用。在探測器能力有限的情況下，火星引力很容易使其加速，從火星附近掠過，甚至撞上火星，前者與水手 4 號探測火星的情況類似。如果探測器推進系統進行工作制動，它會圍繞火星運動，形成大橢圓軌跡，這與早期水手 9 號的情況類似。如果推進系統讓探測器奔向火星，並在火星大氣和降落傘作用下進一步減速，這便是在火星着陸了。

對於環繞火星任務，在多數情況下，科學家希望降低超大橢圓軌道的最大高度（遠火點），最終使探測器圍繞火星做近似圓形的小橢圓運動，這也是 20 世紀末以來大部份軌道器選擇的方式。在這個過程中，探測器需要進一步制動。

如果探測器能力超強，有強大的推進系統，直接讓發動機繼續工作即可。但是，這對單位重量價值遠超黃金的探測器而言，不是最優方案：每滴燃料都是從地球運送來的，每滴燃料

和容器都有重量，甚至燃料本身重量也是消耗更多燃料的重要因素。以印度曼加里安探測器為例，總重 1,337 公斤，燃料有 852 公斤；考慮到餘下的基本結構、太陽能電池板、發動機和基本控制導航器件等，真正用於科研的設備僅有 13 公斤左右。由此可見燃料重量對火星探測器的巨大影響。

印度曼加里安探測器抵達火星的影響範圍後，開始轉身，發動機反推。最後，從地球出發算起，它總共消耗超過 800 公斤燃料才實現環繞火星，僅剩 40 多公斤燃料用於火星探測任務期間的消耗。消耗如此多的燃料後，這個探測器卻依然無法進入較低的環繞火星的圓形軌道，其最終工作軌道是一個近火點距火星 420 公里，遠火點與火星之間的距離達到 7.7 萬公里的超大橢圓。只有在近火點附近，各種設備才能有效工作。

為減少探測器抵達火星變軌後的燃料消耗，科學家們絞盡腦汁。其中一個輔助方案就是空氣剎車技術，前文介紹的火星全球勘探者號、奧德賽號、偵察軌道器等都使用了此方案。不過，這項技術的首次驗證是在 1991 年，日本月球探測器飛天號和子探測器羽衣號在地球進行測試。兩個探測器在 125 公里高的地球大氣中空氣剎車一次就將速度降低了 1.7 米／秒，使橢圓軌道的最高點大幅降低。這種技術隨後被用於火星探測。

儘管火星大氣稀薄，空氣剎車的效果在那裏依然非常明顯。在空氣剎車過程中，火星偵察軌道器張開太陽能帆板，通過與火星極其稀薄的大氣摩擦，逐漸降低橢圓軌道，靠近火星。它在那裏最終工作了 5 個月，共計進行了 445 次空氣剎車，效果非常驚人。美國航空航天局總結，利用空氣剎車方案，足足節省了 600 公斤燃料。這是一個了不起的成就。

對於巨大而脆弱的探測器來說，空氣剎車必須非常小心，

不能太遠，也不能太近。例如，對於偵察軌道器而言，它飛進火星大氣時承受的力僅 7.4 牛頓，大約相當於一隻小貓站在 37 平方米的大客廳裏對地板產生的壓力。不過，也不要低估速度的強大作用，在空氣剎車期間損失的速度都轉換成了空氣與探測器摩擦產生的熱量，很難通過對流和輻射散去。這個溫度最高可達攝氏 170 度，需要特別小心，否則探測器可能像氣候探測者號一樣，因人為錯誤飛得太低，直接在火星大氣中焚毀。

（圖源：NASA/JAXA）

飛天號及其子探測器羽衣號首次測試了空氣剎車技術

　　火星和地球的距離最遠達到 4 億公里，以光速行進需要耗時 22 分鐘才能走完這個距離，往返所需時間還要翻倍。我們還不能忽略探測器位於火星背後、地球背後時遇到的各種阻礙。因而，在這麼遠的距離進行如此精細的軌道控制，只能依靠探測器自身，這相當於在刀尖上跳舞。空氣剎車看起來簡單，做起來卻相當不易。

　　經過這些步驟，探測器抵達預定火星軌道。

第四步：擊敗死神，降落火星

前文介紹了探測器如何抵達環繞火星軌道。對於維京計劃這種軌道器和着陸器結合的任務而言，還差一大截才能稱得上是降落火星。為同時完成環繞火星、降落火星的任務，讓着陸器有足夠的冗餘空間，需要更加複雜的技術。未來的載人探測器毫無疑問不會直接衝進火星大氣，這樣風險太大，首先入軌環繞火星是十分必要的。

對於單獨的火星着陸任務來說，特別是在火星軌道已有軌道器的情況下，就沒有必要浪費燃料讓着陸器環繞火星，可以直接「撞向」火星，完成降落過程。在探測器落地後，運行在火星軌道的軌道器可以為其提供通訊中繼服務。如果是着陸器和軌道器共同抵達火星的任務，理想方案是二者共同入軌，着陸器擇機登陸。這些任務的區別在此前已經討論過，我們現在主要描述着陸器衝進火星大氣着陸的過程。

作為鋪墊，我們先從航天器衝進地球大氣着陸講起，以最常見的載人航天任務作為例子。顯而易見，載人航天任務與無人探測任務的一個最重要的區別就是需要保護人類安全。全世界現在僅有蘇聯／俄羅斯、美國和中國掌握了載人航天技術。歐洲曾經在 1992 年宣佈放棄發展載人航天事業，日本也在 2003 年宣佈放棄，而印度的載人航天事業一直在規劃之中。載人航天任務的難度，由此可想而知。

在載人航天中，最困難的便是返回着陸技術：飛船調整角度，從距地面高度 140 公里處進入大氣，返回軌跡與地面夾角僅 3 度左右。夾角過大，由於過量摩擦產生巨大熱量，會使飛船焚毀；夾角過小則會「打水漂」，使飛船滑入深空，幾乎不

可能返回地球。飛船返回時的最大過載可以達到 4 — 8 個地球重力，幾乎逼近人類身體能夠承受的極限，更何況宇航員剛剛從失重的太空環境中返回。受到巨大衝擊意味着飛船很難進行動力調整，它的能力和大氣層的衝擊力相比可以忽略不計，僅能勉強維持一定的姿態。在返回過程中，接觸大氣層的底部隔熱罩溫度將會上升到攝氏 2,800 度（阿波羅 4 號飛船的紀錄），即使是最耐高溫的複合材料也會直接昇華。這個溫度甚至產生了超高溫的等離子團，會屏蔽掉一切通訊信號，使飛船處於恐怖的「黑障」狀態，宇航員除了在艙內聽着巨大響聲外毫無辦法。

（圖源：NASA）

航天器返回地球可以用降落傘減速。
聯盟號飛船在最後時刻啟動反推火箭，減速落地。

在距地球表面 10 公里時，飛船由於猛烈的大氣摩擦會將速度降下來，但此時的速度依然與聲速接近。飛船隨後要一層層

打開降落傘，大傘打開的巨大衝擊力又會對飛船乘客產生巨大的考驗，引導傘、減速傘、主傘一層層打開。但是，降落傘的作用依然不夠，快接近地面的時候，飛船底部的幾枚反推火箭會瞬間工作，最終將飛船速度降到 2 米 / 秒。這時，經歷生死磨難的宇航員依然需要躺在那裏接受最後的衝擊。整個降落過程失之毫釐，謬以千里，宇航員能否順利被找到又是一個問題。如果他們落在人跡罕至的高山、冰川、海洋和荒漠，就又會面臨一次艱苦的磨難。

（圖源：NASA）

蘇聯宇航員列昂諾夫的
經歷足以說明航天器在
地球着陸的難度

1965 年 3 月 18 日，蘇聯宇航員阿列克謝·列昂諾夫乘坐上升號飛船升空，隨後成為第一個在太空出艙行走的人。出艙後，宇航服意外膨脹，他不得不冒着生命危險在太空中放氧氣才得以返回。返回艙內後，飛船空氣控制系統發生故障，他險

些因此昏迷。在返回地面時，控制系統出現故障，飛船偏離預定目標，降到深山老林。飛船落地後，降落傘掛在樹上，空調在冰天雪地中開始製冷。列昂諾夫被迫離開，在西伯利亞冰原的狼叫聲中熬過一天一夜才被搜救隊發現。由於搜救隊無法直接救援，他還要從叢林中滑雪數公里出來。早期的宇航員為甚麼偉大，相信大家應該有所了解。

　　航天器返回地球尚且如此困難，在火星降落的難度更是誇張。先不提未來的載人登陸火星，即使是無人探測器登陸火星，也要經歷比地球更加恐怖的生死時速。

7 分鐘「死亡」窗口

　　火星引力小於地球，大氣更稀薄，着陸器可以像在地球着陸一樣利用空氣阻力和降落傘減速。着陸器衝進火星大氣時速度很大，這意味着摩擦會產生巨大熱量，快速產生的熱量不斷在着陸器表面積累，達到驚人的攝氏 2,100 度（好奇號火星車降落時）。由於火星大氣稀薄，大氣阻力和降落傘的減速作用有限，減速效果根本不夠，着陸器必須像在月球着陸一樣依靠自身產生的反推力。此外，火星距離地球最近的距離也在 5,000 萬公里級別，這意味着有將近 6 分鐘的往返通訊延遲，還要考慮到着陸時地球與火星的距離和二者轉動造成的遮擋，實際時間遠大於此。這跟地球和月球之間僅 2 秒多的通訊延遲比起來，可謂有天壤之別。全部登陸過程不可能由地球上的工作人員人工控制和監測完成。

　　着陸器進入火星大氣邊緣，到最終在火星着陸，只有大約 7 分鐘時間（與着陸區域地形和高度有關）。在初始階段，所有着陸器／火星車的着陸過程都比較相似，這裏以好奇號火星車為

例進行說明。

靠近火星：包裹得嚴嚴實實的着陸器抵達火星附近。在此期間，着陸器保持與地球的聯繫，最後確認每個系統工作正常。

着陸器分離：對於同時有軌道器和着陸器的任務（蘇聯火星 2 號 /3 號），兩者在此之前要完成份離。好奇號沒有軌道器，它有一個與地球通訊、提供動力和支持的模塊需要脫離。此後，好奇號「失聯」，必須自己走下去。

調整姿態：着陸器飛到火星上空 131 公里處，開始向着陸目標進發，利用噴氣發動機嚴格控制着陸軌跡。電腦開始計算以目前角度入軌產生的熱量：如果熱量過高，就會超過隔熱層能夠承受的極限；如果熱量過低，探測器就會滑入深空。

衝進大氣：調整角度後，着陸器以 5,900 米 / 秒的速度衝進火星大氣層，長達 7 分鐘的「死亡之旅」正式開始。

火與烈燄：在火星表面 45 公里高度處，着陸器隔熱層的溫度達到驚人的攝氏 2,100 度。鋼鐵會在攝氏 1,500 度熔化，此時的着陸器必須依靠複合材料昇華來快速釋放熱量。不過，不用擔心，好奇號本身溫度僅攝氏 10 度。在這個溫度下，人類還要穿毛衣，一點都不熱。

大氣減速：隔熱層與大氣瘋狂摩擦，產生減速效果，着陸器速度降到 450 米 / 秒左右。

降落傘減速：在距離火星表面 11 公里時，高 50 米、直徑 15 米的巨大降落傘打開，這是人類在其他行星上用過的最大降落傘。降落傘打開時，瞬時阻力相當於 29.5 噸重量，着陸器受到了自身重量 10 倍左右的衝擊力。

拋離隔熱層：在距離火星地面僅 8 公里時，空氣摩擦對着陸器已經不再是挑戰了，光榮完成任務的隔熱層被拋離。在過

去幾十秒內，隔熱層經歷攝氏 2,100 度的洗禮，已燒得不成樣子。

雷達工作：在拋棄隔熱層 5 秒後，露出來的雷達開始工作。雷達需要時刻緊盯目標著陸區域，各種傳感器嚴密監測著陸器的工作狀態，監測著陸地區與計劃目標的匹配程度，以便讓電腦做出調整。這些設備工作速度慢的話，著陸器可能直接墜毀。

降落傘脫離：用降落傘繼續減速 75 秒後，著陸器的速度降到 90 米 / 秒。以這個速度跑完百米田徑賽跑只需 1.1 秒，但已經比剛開始的 17 倍聲速好很多了。巨大的降落傘在完成任務後帶著上部保護層脫離著陸器，剩下的旅程靠著陸器自己完成。

別著急，最精彩的部份剛剛開始。

三大著陸方案

拋離降落傘後，著陸器便進入最終降落的狀態。早在 1971 年，蘇聯火星 2 號挑戰火星著陸任務，結果失敗。在歷史上，有 11 個火星著陸器沒有到達火星或者著陸失敗（火星 2 號、火星 6 號、火星 7 號、福波斯 1 號、福波斯 2 號、極地登陸者號、深空 2 號、「火星 96」、福波斯——土壤號、小獵犬 2 號、斯基亞帕雷利號），有 9 個火星探測器（火星 3 號、維京 1 號、維京 2 號、探路者號、勇氣號、機遇號、鳳凰號、好奇號、洞察號）成功著陸。根據著陸器任務的不同，科學家總結出了三種無人火星著陸方案。

方案一：直接火箭反推

拋離降落傘後，著陸器依靠底部強大的反推火箭開始減速。在著陸過程中，著陸器底部的雷達、激光和各種傳感器等輔助系統開始工作，需要仔細檢查地面情況，避開亂石堆、斜坡、

（圖源：NASA）

好奇號着陸過程包括 1,000 多個動作，需要在 7 分鐘內精準完成。

（圖源：NASA）

被嚴密保護的好奇號衝進火星大氣

溝谷等特殊地形，否則由於着陸點選擇不當而可能導致任務失敗。

由於有巨大的燃料罐和反推火箭，各種傳感器只能安裝在底部，着陸器幾乎不可能有多餘空間用來安放懸架結構和輪子。燃料罐和反推火箭沒有辦法在着陸前脫離，對移動的火星車而言，它們成為毫無意義的負擔，不斷浪費火星車最為寶貴的能量。此外，以這種形式着陸的着陸器必須增加着陸架的高度，以減少着陸最後階段燃氣噴到乾燥地面時形成的巨大沙塵對科研設備的影響。另外，着陸架要足夠重，以降低着陸器重心、提高安全性，而科研設備卻會因此有所犧牲。從理論上講，可以將一個小型火星車放在着陸器內部，成功着陸後將其釋放，類似中國探月工程嫦娥 3 號 /4 號着陸器和月兔號 / 月兔 2 號月球車的關係。不過，以這種形式釋放的小型巡視器功能會相對簡單一些。

優點：適合各種重量的着陸器，安全系數最高。

缺點：只能定點着陸或釋放小火星車（潛力），對着陸區域地形要求極高，設備受限。

成功案例：火星 3 號、維京 1 號、維京 2 號、鳳凰號、洞察號。

方案二：火箭反推 / 氣囊彈跳

在拋離降落傘後，着陸器依然採取火箭反推方式進行減速，懸停在空中，等待確定着陸地點。在最後階段，着陸器又分成兩個部份，一部份包括反推火箭和燃料罐，另一部份將火星車摺疊後牢牢包裹在巨大氣囊中。確定好着陸區域後，着陸器保護系統會將氣囊彈出並用繩索牢牢吊住，緩緩下降。在釋放命

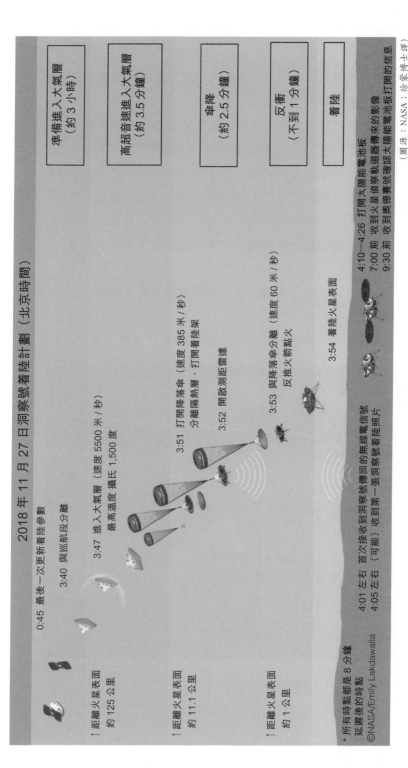

2018 年 11 月 27 日洞察號着陸計劃（北京時間）

0:45 最後一次更新着陸參數

3:40 與巡航段分離

↑ 距離火星表面
約 125 公里

3:47 進入大氣層（速度 5500 米／秒）
最高溫度 攝氏 1,500 度

準備進入大氣層
（約 3 小時）

3:51 打開降落傘（速度 385 米／秒）
分離隔熱層，打開着陸架

↑ 距離火星表面
約 11.1 公里

3:52 開啟測距雷達

高超音速進入大氣層
（約 3.5 分鐘）

3:53 與降落傘分離（速度 60 米／秒）
反推火箭點火

↑ 距離火星表面
約 1 公里

傘降
（約 2.5 分鐘）

3:54 着陸火星表面

反衝
（不到 1 分鐘）

* 所有時點都是 8 分鐘
延遲後的時點

©NASA/Emily Lakdawalla

4:01 左右 首次接收到洞察號傳回的無線電信號
4:05 左右（可能）收到第一張洞察號着陸照片

4:10～4:26 打開太陽能電池板
7:00 前 收到火星偵察軌道器傳來的影像
9:30 前 收到奧德賽號確認太陽能電池板打開的信息

着陸

洞察號着陸採取的反推火箭着陸方案流程圖

（圖源：NASA；徐蒙博士譯）

令下達後，繩索斷掉。氣囊在距離火星地表數米處被釋放，在地面經過多次彈跳後穩定下來。巨大的氣囊內部有平衡設備，能保證在氣囊停下來後，摺疊的火星車跟地面保持正確姿態。隨後，氣囊打開，火星車緩緩展開，從裏面駛出。這種技術適合質量中低的單火星車任務。但是，毫無疑問，使用氣囊肯定有極限，如果氣囊重量太大，着陸器就會有墜毀的可能。

優點：適合釋放可移動的火星車，對着陸區域地形要求難度中等。

缺點：氣囊能力有限，只能釋放重量較輕的火星車，科研設備同樣受到限制。

成功案例：探路者號 / 旅居者號組合、勇氣號、機遇號。

（圖源：NASA）

火箭反推與氣囊彈跳着陸方案

（圖源：NASA）

使用氣囊降落的探路者號進行地面測試。相比摺疊後僅僅幾十厘米高的着陸器，
高達數米的氣囊體積驚人。

方案三：空中吊車

目前只有好奇號使用過這個方案。這種方案同樣將着陸器分成兩部份，其中一部份是一個有 8 枚強力反推火箭的空中吊車。在下降過程中，空中吊車將好奇號保護在中心位置，隨後將好奇號釋放出來，懸掛在空中。好奇號被三根長達 7.5 米的尼龍繩和一根負責信號和控制指令傳輸的「臍帶」電纜連接。隨着高度降低，好奇號的動力系統和 6 個直徑半米的巨大輪子逐漸展開，好奇號底部的傳感器不斷通過「臍帶」向空中吊車報告實時狀況。

在空中吊車操作下，好奇號緩慢地靠近地面。最後，當火星車感應到完全接觸到地面後，尼龍繩和電纜將會在瞬間被切斷。隨後，空中吊車會用盡所有能量飛向遠處，最終墜毀。重量近乎勇氣號和機遇號 5 倍的好奇號就是這樣成功來到火星表面的。

要知道，這相當於把一輛家用小轎車從迪拜塔上扔下來，中途啟動空中吊車（空中吊車啟動時，好奇號的運動速度高達 90 米／秒，距離地面數百米），在短短幾十秒內將其與地面的相對速度減到幾乎為零。由於火星車上有精密儀器，對衝擊力的耐受程度非常低，相當於家用轎車的報警系統也不能被觸發，降落難度可想而知。而「火星 2020」任務的空中吊車還將被進一步改進，可以規避風險，選擇最優路徑，將火星車放到理想地點。如果說好奇號的空中吊車可以將火星車從迪拜塔安全「扔到」地面，「火星 2020」的空中吊車則可以將火星車精準「扔到」某個停車位。

（圖源：NASA）

好奇號在降落過程中使用「空中吊車」

優點：可釋放重量和體積較大的火星車，火星車不必摺疊，對着陸區域要求較低。

缺點：技術難度最高，依然存在重量上限，好奇號900公斤已接近極限。

成功案例：好奇號。

空中吊車是複雜的火星車着陸的最佳方案，但無法完成未來的載人任務中數十噸重的着陸器的釋放。針對未來的載人登陸火星任務，着陸器直接用火箭反推和內部裝有火星車才是最可行的方案。

目前，人類在火星表面留下了很多痕跡，但都止於無人探測，而且難度極大。到了載人征服火星階段，一切將大大不同。將載人登月與載人登陸火星做對比，月球引力比火星引力小，完全沒有空氣，能與地球幾乎實時通訊，所以載人登月難度大大低於登陸火星。目前僅有美國實現載人登陸月球，登陸時使用的是一個重達15.3噸的登月艙；全世界沒有其他國家能夠做到，50年後也是如此。

載人登陸火星的難度遠高於載人登陸月球。人類現在僅實現了讓無人探測器在火星登陸。下一章的載人登陸火星完全屬於設想，大家共同來瘋狂「腦補」一下。

火星着陸點

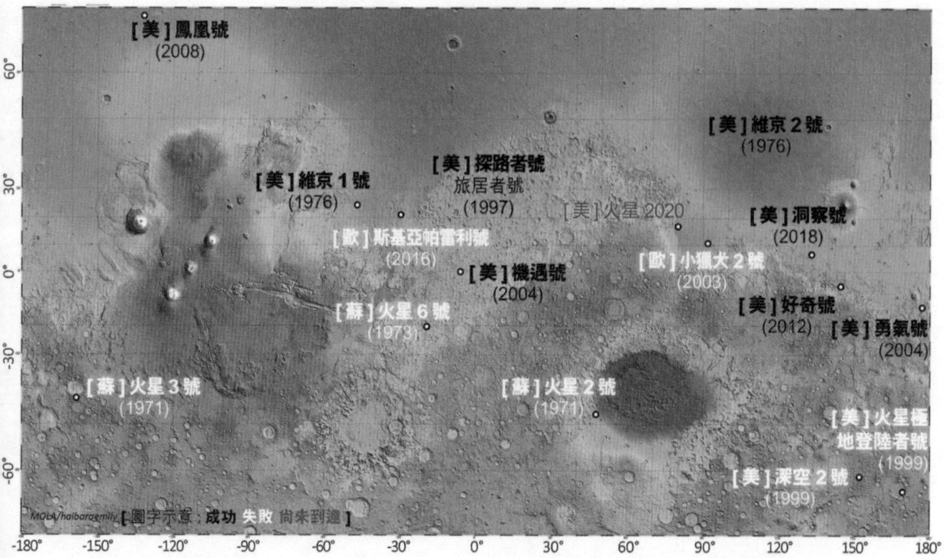
[美] 鳳凰號
(2008)
[美] 維京 2 號
(1976)
[美] 探路者號
旅居者號
(1997)
[美] 維京 1 號
(1976)
[美] 火星 2020
[美] 洞察號
(2018)
[歐] 斯基亞帕雷利號
(2016)
[歐] 小獵犬 2 號
(2003)
[美] 機遇號
(2004)
[美] 好奇號
(2012)
[蘇] 火星 6 號
(1973)
[美] 勇氣號
(2004)
[蘇] 火星 3 號
(1971)
[蘇] 火星 2 號
(1971)
[美] 火星極
地登陸者號
(1999)
[美] 深空 2 號
(1999)
MOLA/haibaraemily
[圖字示意：成功 失敗 尚未到達]
60°
30°
0°
-30°
-60°
-180°
-150°
-120°
-90°
-60°
-30°
0°
30°
60°
90°
120°
150°
180°

（圖源：NASA 徐蒙博士譯）

人類探測器已經和將要在火星上留下痕跡的着陸地點

第八章

載人飛船
怎麼登陸火星

夢中的星辰大海和真實的星際旅行無疑區別巨大。人們能夠在各種以航天為主題的虛構作品中得到滿足，如果有機會去太空親身體驗，相信沒有人會拒絕。但是，夢幻和現實的差距非常大。在月球探測競賽中，只有到了載人階段，才是萬人空巷的高潮。對於探測火星而言，也是如此。

筆者想在這裏說一句會讓很多人失落的話：「限制人類航天事業未來發展的，恰恰就是人類本身。」這種挑戰既發生在20世紀六七十年代，也發生在今天的航天探索中。

載人航天很難，載人前往火星，更是難上加難。但是，正如美國總統甘迺迪在阿波羅飛船登月前說的那樣，不是因為簡單，而是因為很難。本章將帶領大家，基於現有航天技術和短期內可能有突破的技術，克服各種困難，「飛上」火星！

重型火箭

離開地球，再次成為第一步。

宇航員的存在使着陸器的生命保障系統佔比大幅增加。如此一來，傳統火星探測器幾噸的重量級別已遠遠不夠，需要更重的飛船甚至大型空間站才能完成一次複雜的火星載人登陸任務。正如阿波羅登月計劃必須依靠強大的土星5號火箭，載人登陸火星的首要目標就是研製超強的重型火箭。但是，化學燃料火箭有自己的上限：運輸大質量探測器進入太空只能依靠大質量火箭，必須依靠有更大推力的火箭發動機。發動機和支撐結構會使火箭整體質量大幅增加，而海量燃料也需要火箭有更大推力起飛。這樣下來，重型火箭的體積和質量都將大幅增加，

總體推進效率在不斷降低。

因此，在現有人類航天技術的基礎上，大型載人登陸火星的任務不可能依靠單次火箭發射完成，需要多次發射火箭。這樣可以將任務的巨大載荷分佈在多次火箭發射中，降低對重型火箭運載能力的要求。從目前情況來看，載人登陸火星任務至少需要和土星 5 號一個級別的火箭。從運力上講，火箭需要達到一次性運送約 150 噸甚至更大有效載荷進入近地軌道的基本條件。

美國在這方面依然有巨大優勢，目前已經研發出新一代重型火箭太空發射系統和與之搭配的載人飛船獵戶座，歐洲航天局也將深度參與其中，提供載人飛船的服務（推進）艙。太空發射系統的運載能力將達到傳奇火箭土星 5 號的級別，後續版本甚至可能更強；獵戶座飛船是史上最先進的太空飛船，返回艙和推進艙總重達到 26 噸，足以支持宇航員前往小行星帶進行火星探測。目前二者已經基本測試完畢，將在 2020 年完成總裝測試。它們的下一步計劃是重返月球，在 2025 年前後首次探測火星，在 2030 年前後衝擊載人探測任務，並最終實現載人登陸火星的目標（尚無明確時間表）。這個組合是目前最有機會衝擊載人探測火星任務的。

美國在商業航天領域也發展迅速，太空探索科技公司、藍色起源、聯合發射同盟都正在研發類似級別的重型火箭。正如前文所說，這些商業航天公司的發展前景相比美國航空航天局還有一些不確定性，但潛力絕不能低估。在過去十年間，它們的發展已經讓人驚掉了下巴，未來需要人們拭目以待。

俄羅斯也在開發下一代聯盟 5 型超重型火箭，這種火箭擁有 100 噸以上的近地軌道運載能力，預計在 2025 年前後成型。

作為世界載人航天市場的實力玩家，蘇聯／俄羅斯保持了各種載人航天的紀錄，如第一位男性宇航員、第一位女性宇航員、第一次出艙行走、世界最長人類太空駐留時間、世界最多的載人空間站等。在 2011 年美國的太空穿梭機退役後，俄羅斯更是壟斷了國際載人航天市場，聯盟飛船成為國際空間站的唯一運輸工具。俄羅斯宣佈會繼續研究深空載人探測技術，載人探測小行星和火星也在規劃之中。俄羅斯預算有限，但其潛力依然不可低估。

與此同時，中國也在快速崛起。2019 年，中國嫦娥 4 號在月球背面成功着陸，這是人類首次實現這一壯舉。中國擁有強大深空探測和載人航天實力，將建造天宮號空間站。在 2017 年公佈的航天規劃中，中國計劃在 2040 年前後多次完成星際往返任務，並探索人機協同深空探測技術。這基本意味着中國將在那時實現在地球與火星之間載人往返，在火星與地球之間載人往返將成為一種常態。

因此，中國必須擁有自己的重型火箭，目標劍指美國的土星 5 號和太空發射系統，那就是未來的大國重器長征 9 號。2018 年的中國國際航空航天博覽會（珠海航展），展示了長征 9 號的初步模型。目前，中國只有長征 2 號 F 型火箭用於載人航天發射任務，現役最強火箭為長征 5 號，它們與長征 9 號的對比如下表所示。我們可以從表中看到長征 9 號的強大。

太空發射系統（上）和獵戶座飛船（下）

中國航天三種火箭對比

火箭	長征 2 號 F/G 改進型	長征 5 號基本型	長征 9 號（預計）
助推器	4 個 /2.25 米直徑	4 個 /3.35 米直徑	4 個 /5 米直徑
芯級最大直徑	3.35 米	5 米	10 米
總長度	58.34 米	57 米	100 米
總質量	493 噸	約 870 噸	約 4000 噸
近地軌道運力	8.6 噸	25 噸	約 140 － 150 噸
地月轉移運力	無	約 8 噸	約 50 噸
地火轉移運力	無	約 5 － 6 噸	約 40 噸

　　對於中國的載人登陸火星任務，長征 9 號幾乎是運輸重型載荷的唯一選擇。此外，還需要如長征 5 號這樣的火箭執行貨運補給任務。在 2018 年的珠海航展中，能夠和美國獵戶座飛船媲美的中國新一代載人飛船也進行了展示，還有規劃中的與之配套的新型載人火箭。這種火箭預計發射時的質量達到 2,000 噸量級，近地軌道有效載荷達到 70 噸量級。這幾種火箭可以從中國文昌航天發射場發射。中國文昌航天發射場是中國最新的功能最全，距離赤道最近的航天發射場，能夠最大限度地利用地球自轉賦予火箭的速度，增加火箭運力。可以說，中國的這套組合並不亞於美國的太空發射系統和獵戶座飛船。

　　總體而言，無論美國、俄羅斯還是中國，乃至全世界範圍，各國在火星探測中使用的火箭方案都比較接近，依然是使用液氧和液氫、液氧和煤油、液氧和甲烷的化學燃料火箭，這是現階段的最優選擇。前文講過，在漫長的星際旅行過程中，利用核材料釋放可控熱能來加熱液氫，從而產生穩定推力的核能火箭，以及使用離子電推進技術的火箭，都能夠通過優化軌道，更快抵達火星。同時，如果可以巧妙利用太陽光在太陽能電池板上產生的光壓，也可以對動力系統起到輔助作用。然而，這

些技術暫時只是設想，還沒有成熟的可用來推動大型空間站的產品，現役火箭的主力依然是化學燃料火箭。本書主要基於化學燃料火箭展開說明。

載人系統

毫無疑問，在人類航天事業中，載人系統永遠是最複雜、最昂貴的。

人類很早就站到了地球生物鏈的頂端，但人類總體上還是一種比較脆弱的生物。人類生存需要空氣、水源、食物、能源，以及合適的溫度、濕度、氣壓和輻射等因素，其中任何一項在太空都是奢侈品。此外，人體一直在消耗各種必需營養物質，同時產生各種對自身有害的物質，人體的「出」和「入」必須非常精細地同時進行。即使基本生命保障可以實現，狹小的空間和長期的孤獨感對人心理的影響幾乎是無法預測的。此外，載人航天活動一定要將人安全送達目的地，再送回地球。從地球表面出發，穿過深空，降落到火星表面，再返回地球，環境的劇烈變化遠遠超出普通人想像。無論外界發生甚麼，對整個系統而言，必須首先保證人類安全。

總而言之，載人生命保障系統的設計極其重要。載人飛船需要額外的生命保障系統、重返地球的保障系統和超高安全系數，這些都是無人探測器不具備的。因此，載人飛船的設計難度遠遠高於無人探測器。相比無人探測器，載人飛船至少要額外考慮如下因素對人體的影響。

因素一：失重

太空是失重環境，人類一旦進入太空，就會迎來身體的一系列變化。

第一，空間適應綜合症。進入太空後，所有物體都會因失重飄浮起來，人也不例外。失重使人無法區分上下左右和東西南北，前庭系統和腦部相關神經就會出現紊亂，表現之一就是無法抑制的暈車般的噁心感。

第二，骨質流失和肌肉萎縮，這是更致命的影響。由於缺乏運動和重力，人類骨骼和肌肉壓力驟然降低，兩者會被身體認為無用，尤其是肌肉要消耗大量營養。在這種情況下，人體便會急速流失這兩種重要身體結構的組成成份。

第三，體液再平衡。在地球上，由於重力作用，人的體液分佈不均勻；在太空中，人的體液就會近乎均勻分佈。體液均勻分佈的表象是「臉腫了」，但也意味着人體循環系統發生了巨大改變，不容忽視。比如，由於沒有重力壓迫，宇航員的腳會大量脫皮，變得像嬰兒的皮膚般鮮嫩。當然，人也會因為脊柱沒有壓迫而「長高」。不過，這個「長高」方案實在太貴了，國際空間站的單程票價（俄羅斯聯盟飛船）在 2018 年已經漲到了 8,100 萬美元。

人類只需 10 分鐘就能夠離開地球表面，進入近地軌道，只需 3 天就可以通過地月轉移軌道進入環月軌道。但是，人類需要 6 - 11 個月才能通過霍曼轉移軌道，進入環繞火星軌道。返回時區別更大，人類幾乎可以從近地軌道和環月軌道隨時返回，而要從火星返回地球卻需要考慮地球和火星的下一個會合窗口。這一等可能就是一年半到兩年的時間，所以常規探測火星的時間週期是三年左右。即使通過難度極高的借力金星航線，從火

星返回地球總時長也在兩年左右。

漫長的太空旅行對人的生理而言將是極大的挑戰。到目前為止，僅有 20 世紀 90 年代的蘇聯／俄羅斯和平號空間站有四位宇航員在太空連續工作超過一年時間，工作時間最長的也不過是單次 438 天而已，與一次火星探測任務需要的時間相差甚遠。宇航員都是被精挑細選出來的，絕大部份是軍人出身，還需要經過極為嚴格的系統訓練。即使如此，他們依然無法對抗失重帶來的巨大影響，從國際空間站上返回的宇航員需要一定時間才能完全適應地球環境。因此，不少科幻作品都把人造重力環境作為必備選項。例如，製造旋轉機構，讓離心力起到重力作用，還有人提出讓兩個航天器通過連接軸相對進行旋轉，以產生重力。這些都符合大眾的心理預期。

然而，我們必須潑一盆冷水：任何產生人造重力的方式都必須依靠超大尺寸的機械結構，能量消耗很大，而且對航天器姿態控制要求極高。在現有技術條件下，這是極難實現的。即使有一定可能性，實現這些設想需要付出的代價也是極大的。如果大幅增加成本只是為了解決失重問題，顯然很難使載人探測火星的飛船設計方案被批准。這是因為載人探測火星需要考慮的因素實在太多了。

其實，最好的方案是鍛煉。這也是在國際空間站和中國天宮實驗室中，每位宇航員都在進行的工作。宇航員使用特殊健身器材，每天運動兩小時左右，給肌肉和骨骼強加作用力，避免其過度萎縮。這並不能完全解決問題，但在目前來看，沒有更好的選擇。

對於首批嘗試登陸火星的宇航員而言，6 － 11 個月的重力缺失是可以接受的。如果採取常規方案，他們可以在火星表面

生活 1 － 2 年。那裏的重力只有地球的 38%，但至少能幫助身體緩慢恢復。此後，他們再經歷同樣的旅程返回地球。在兩次長期失重的旅程中，人類藉助健身器械的幫助足以對抗失重對身體的影響。在借力金星方案中，宇航員僅需在火星停留數天，隨後返回地球，失重影響基本能通過鍛煉克服。

（圖源：NASA）

2010 年 4 月 14 日，國際空間站的宇航員短期內增加到 13 位。
從圖中可以看出，在太空中不存在上下左右和東西南北的概念。

對於未來的大規模火星移民而言，重力就是一道邁不過的坎了，畢竟不是每個人都有宇航員的強健身體，失重對身體的影響需要認真對待。目前出現在科幻作品中的人造重力方式，還是應當盡力實現。不過，為節省能量，生產人造火星重力即可。

(圖源：NASA)

美國宇航員佩吉‧惠特森執行過三次太空任務，共計 666 天，
創造美國宇航員的最高紀錄。她在太空中的一個重要工作就是運動。

因素二：空氣

　　離開空氣，人也許只能生存 2 - 3 分鐘。人在地面上每時每刻都能自由呼吸，但到了太空，空氣就成為最寶貴的資源。這不僅是人能否呼吸的問題，也跟氣壓和氣體成份息息相關。水在真空中的沸點逼近攝氏 0 度，這意味着人體內接近攝氏 37 度的體液幾乎在瞬間就會沸騰，人的神經和腦部細胞很容易受到不可逆損害而死亡。當然，由於人體皮膚組織的束縛和壓力，這種現象不會立即發生，但也最終難逃厄運。而且，人只能呼吸氧氣，身體已經適應了地球大氣中氧氣佔比 21% 的環境，氧氣含量過高或過低都有害。人需要的空氣必須在火箭發射前就全部準備好。

　　早在人類航天探索之初，航天科學家決定使用低壓純氧環境，這樣可以減輕探測器重量，但現實讓他們受到沉重打擊。

（圖源：NASA）

三位阿波羅 1 號宇航員，他們為阿波羅登月計劃付出了生命代價。

1961 年，蘇聯年齡最小的宇航員（23 歲）瓦連京·邦達連科在純氧艙環境中測試時突遇火災，被活活燒死。他本來很有希望成為第一個進入太空的人。一個月後，尤里·加加林成為世界上第一個進入太空的人。1967 年，阿波羅 1 號三位宇航員在地面測試純氧艙時，因突發火災犧牲，否則極有可能成為第一批踏上月球的人。毫無疑問，純氧方案很快就被放棄了。

因此，1973 年的天空實驗室是含有 75% 的氧氣和 25% 的氮氣的低壓環境，但這並不是最佳方案。後來的國際空間站選用和地球幾乎相同的空氣環境和標準氣壓，最大限度地減少了宇航員適應的難度。目前，國際空間站幾乎做到了完全回收空氣，但依然需要生命保障系統定期電解水，以獲得氧氣補充。這還遠遠不夠，貨運飛船會定期將巨大的氧氣瓶送到空間站，以備不時之需。除此之外，人體也在不斷產生二氧化碳、氨氣和硫化氫等有害氣體，空間站的設備和進行的實驗也會產生一些有害氣體，這些都需要空氣循環系統除去。

火星載人飛船的任務週期更長，即使沒有複雜的科學實驗，宇航員對空氣的消耗就已經是相當大的挑戰了。這意味着飛船內需要保持類似地球的大氣環境，所需氧氣和其他空氣成份必須事先準備，幾乎不可能中途補充，而且必須有足夠的備份空氣，對空氣實現近乎 100% 的循環利用。要達到目標，需要完善空氣回收和氧氣再造系統，還可以利用植物生產部份食物，並釋放氧氣。

因素三：飲食

民以食為天，飲食對於未來的載人探測火星，乃至向火星移民，都是極其重要的問題。人類是溫血動物，需要消耗大量

能量維持體溫，而人類頗為自豪的腦部及神經活動更是消耗了人體所需能量的三分之一左右。即使人類在太空中不用消耗大量體力，額外腦力消耗所需能量也頗為驚人，為此必須滿足宇航員對食物的需求。

人類每天平均消耗能量在 2,000 千卡左右，這基本意味着乾重 1 公斤的各種食物需求。目前來看，實現這個目標並不困難，因為太空食品開發已經非常成熟。例如，在中國載人航天工程中，航天員景海鵬吃到了山西老陳醋，中秋節時大家一起吃月餅，這種新聞已經屢見不鮮。除了在地球上準備食物之外，目前似乎還沒有更好的辦法，國際空間站和天宮二號空間實驗室也只是在做種植蔬菜等早期嘗試。總體而言，航天活動需要的食物只能依靠巨量儲備。

在載人探測火星活動中，由於任務週期超長，人類必須穩定攝入蔬菜等新鮮農作物，以滿足身體需求。這是人類從大航海時代獲得的寶貴經驗：那時的船員動輒在海上漂浮數月，很難吃到新鮮蔬菜，因而大量患上敗血症，其中重要原因就是缺乏維生素 C 和相關微量元素。因此，在飛船上設置大規模的蔬菜種植艙是必需的，除提供食物之外，還可以將二氧化碳轉化為氧氣，將人類有機排洩物作為肥料，還能為麵包蟲、大麥蟲等簡易動物性蛋白提供養料，可謂一舉多得。

對飲用水的處理相對簡單。人類每天對水的需求量在 2 升左右，水在國際空間站已經基本實現了回收利用。對於未來更先進的火星飛船而言，實現接近 100% 的水資源循環利用，也是一個可行目標。

對未來的火星探測任務而言，如果是三位宇航員執行長達 1,000 天的任務，對食物和水源的總需求將是人均 1 － 2 噸，

這並不是很誇張的數據。為保險起見，在多個艙段備份食物，在火星飛船自產一定食物，在火星表面或軌道上提前補給甚至進行備份，這些似乎都是必需的。這是因為，當出現電影《火星救援》中宇航員挨餓的場景時，不是每個人都和電影主人公一樣是植物學家，能夠維持自己的基本生存。

然而，新鮮肉類、水果等食物將成為奢侈品，只能辛苦這些執行長期任務的宇航員了。

（圖源：NASA）

宇航員斯科特‧凱利在國際空間站展示新鮮水果

因素四：能源

目前在太空探索中常用的能源有三種：（1）電池。例如，在阿波羅登月計劃中，月球車使用一次性銀鋅氫氧化鉀溶液電池，登月艙使用氫氧發生反應產生電能和水份的化學燃料電池。這些電池的能量越用越少，適合短期任務。（2）太陽能電池板

適用於有較強太陽光照的區域，它能夠長期運行，價格低廉。
（3）放射性同位素發電機（核能）適用於太陽能匱乏的區域，能夠長期運行，價格昂貴。

對於地球到火星的旅程來說，依然處於太陽系內陽光比較充足的區域。雖然陽光會隨着距離增加變弱，但此前探測已經證明在火星附近（甚至表面）依然可以利用太陽能獲得足夠的電力，甚至在更加遙遠的木星工作的朱諾號也能夠使用太陽能電池板。火星探測任務週期比較長，毫無疑問，取之不盡的太陽能將是動力方面的最優選項，同時配備一定的氫氧化學燃料電池來應急和產生水份。在使用太陽能方面，最佳樣板莫過於國際空間站了。它有巨大的太陽能電池板，每塊都有 12 米寬、35 米長，共計 4 組 8 塊。這些太陽能電池板在同時工作的情況下功率最大可以達到 120 千瓦，大大超過阿波羅飛船登月時服務艙使用 3 塊 110 公斤重的燃料電池的 4.2 千瓦。相比之下，前文提到的火星車產生的能量實在微不足道了。在前往火星的載人任務中，也許 2 - 4 組太陽能電池板就能產生足夠飛船需求的電能。

此外，太陽能還可以轉換成植物生長所需的光能。在密封的航天器中，植物不可能直接依賴太陽能生長，而必須基於人造多光譜的 LED 燈光環境，現代農業技術已經證明這是一種更加節約能量的使植物生長的方式，電能可以變相轉換為人類所需食物。為讓飛船盡量加速進入或離開霍曼轉移軌道，乃至進行姿態調整，飛船依然需要一定的化學燃料。如果採用離子電推進方式，飛船會在巡航階段補充動力，降低對化學燃料的需求，而離子電推進消耗的電能也可以由太陽能補充，這是美國航空航天局下一步規劃的「月球門戶」空間站的設計方案。

（圖源：NASA）

國際空間站現狀，最顯眼的就是太陽能電池板。

（圖源：Andrzej Mirecki）

2010 年，日本宇宙航空研究開發機構（JAXA）進行了伊卡洛斯（IKAROS）太陽帆「星際風箏」實驗，可以從太陽光獲取能量。

不僅如此，利用太陽風產生壓力的太陽帆也可以用於星際旅行，尤其是作為太陽系內遠離太陽的短途旅行的動力，這也是航天界這些年最火熱的科研項目之一。在太空旅行中，航天器可以藉助太陽帆的微弱推力，降低對化學燃料的消耗。在傳統化學燃料和電推進方式之外大量使用太陽能，可謂星際旅行的不錯選擇。

因素五：輻射

宇航員還需要考慮其他危險因素：太陽風和宇宙輻射。人類在地球表面生存時，連被稠密大氣「過濾」的紫外線都無法忍受，如在太陽下暴曬。在 400 公里的高空中，陽光和其他宇宙射線的影響會暴增，它們的危害遠遠超過紫外線，足以擊破和電離空氣分子。幸運的是，強大的地球磁場屏蔽了絕大部份輻射，將其屏蔽在離地球更遠的地方；宇宙輻射有限的影響被引到地球兩極附近，那裏的高空空氣被宇宙輻射電離而形成美麗的極光。因此，國際空間站能夠穩定運行在 400 公里高這個區域，如果更遠就非常危險了。例如，阿波羅登月計劃的一個重要挑戰就是飛船跨越「范艾倫輻射帶」，那裏的輻射強度遠超地球附近。

太空環境變幻莫測，地球附近宇宙輻射突增產生的能量也可能非常驚人。2011 年，俄羅斯和中國聯合開展福波斯——土壤號火星探測任務，探測器控制芯片受到超強電磁影響發生故障，結果導致任務失敗。強大的宇宙輻射輕易穿過了地球磁場，如果當時有人在裏面，會有甚麼可怕結果不得而知。在地球磁場保護範圍之外，太陽風和宇宙射線開始肆無忌憚地四處流竄，它們會輕鬆襲擊探測器和載人飛船中的人類。

在宇宙輻射面前，人類是非常脆弱的。美國航空航天局進行過一次著名的實驗，實驗對象是雙胞胎宇航員斯科特‧凱利和馬克‧凱利。自 2015 年 3 月 27 日至 2016 年 3 月 2 日，斯科特在國際空間站工作了近一年時間，這個超長的工作時間是美國航空航天局特意安排的，而他的兄弟馬克早在 2011 年就已經退役。斯科特返回地球後，研究人員對他和馬克的身體狀況進行了長期跟蹤，發現斯科特的「基因表達」在太空中發生了變化，僅有 91.3% 很快恢復到正常水平，其餘部份在 6 個月內都沒有完全恢復過來。

需要注意的是，基因表達發生變化並不意味着基因被改變。例如，人在生活環境發生變化的時候，甚至在運動健身後都會發生基因表達變化。這次實驗被不少媒體錯誤報道成「宇航員

（圖源：NASA）

美國宇航員馬克‧凱利（左）和斯科特‧凱利（右）

8.7% 的基因被太空輻射，發生永久改變」。要知道，人類和身邊常見的哺乳動物之間基因的差距都未必有這麼大，這些報道可謂鬧了個大笑話。

斯科特和馬克只是一個實驗案例，並沒有足夠的統計學價值。但是，這個實驗結果還是提醒我們，太空生活環境對人的身體有比較大的影響。宇航員在近地空間站生活一年尚且如此，未來動輒數年的火星探測又會發生甚麼呢？而輻射會增加生物基因突變的概率也是不爭的事實，這也是空間農業育種技術的基礎所在。

為防患於未然，在阿波羅登月計劃中，所有載人飛船都有非常嚴格的防輻射措施，防護程度遠遠高於當時執行近地空間載人任務的雙子座飛船。宇航員踏上月球表面時，甚至要穿上82 公斤重的登月服，所幸月球表面重力很小，宇航員只能感受到相當於地球上 14 公斤的重量。2008 年 9 月 27 日，中國航天員翟志剛穿着 120 公斤的「飛天」艙外服進行了太空行走。宇航服要能夠抵抗太空強輻射的影響。所幸宇航服只是在太空失重環境下使用，否則地面上沒有幾個人能穿得起來。

在未來的火星飛船上，對宇航員進行更多輻射防護是必需的。目前，無論美國獵戶座飛船還是中國新版載人飛船的設計，都充份考慮了這個需求，使用大量輕便高效的複合材料製造宇航服，能以較高性價比滿足這一需求。因此，這已經不是一個大問題了。

因素六：乘組

在技術問題得到解決之後，還有一個極其重要的問題：乘組成員。

在進行航天探索的早期，世界各國無一例外選擇軍人作為宇航員主力。這是因為他們身體素質好，絕對服從命令，應對特殊挑戰能力強。隨着航天事業的持續發展，世界各國開始招募工程師、醫生和科學家進入宇航員隊伍。航天活動已經從早期工程技術驗證進入實際技術利用時期，專業技術人員的價值也越來越高。

楊利偉在 2003 年進入太空之後，中國成為僅次於俄羅斯和美國的第三個掌握載人航天技術的國家。正如蘇聯和美國的早期安排，中國現有的航天員都是現役軍人。在 2017 年公佈的第三批航天員招募計劃中，中國開始招募一定的技術專家和科研人員，他們被叫作載荷專家。

可以想像，在未來的火星之旅中，不僅需要職業軍人作為正副指令長／船長，還需要工程師負責技術問題，醫生負責船員身體和心理健康問題，地質專家負責火星表面探索問題，生物學家負責船上生命保障系統和火星生物研究問題。或許有人能夠身兼數職，但小組成員必須滿足多種任務需求。太空旅行漫長而又單調，從心理因素講，團體組隊方式是最佳方案。

按照美國目前的火星探測計劃，一艘獵戶座飛船能夠容納 6 人，他們的任務各不相同。在極簡情況下，團隊人數可以減至 3 人。在重量計算精確的太空飛船裏，每個人都有特定價值，他們也是人類中的佼佼者。可以預見，隨着火星探索時代的展開，飛船容量將會大大增加。例如，太空探索科技公司提出了一個可以容納 100 － 200 人的飛船設計方案，這種飛船就是一個社會，有各行各業的人，他們一起成為未來人類歷史的創造者。

總而言之，人類必須依靠複雜的載人飛船才能前往火星。為了對飛船提供支持，勢必要建立一座小型空間站。人類在現

有技術下，有足夠能力設計出載人空間站來滿足載人火星探測的需要。在實踐中，科學家正在朝這個目標努力。前往火星的一個重要跳板是重啟月球探測，進行技術積累，為火星探測活動做準備。美國航空航天局已經立項的「月球門戶」正是為此而生，這個空間站將在 2024 年前後完成，長期環繞月球。

（圖源：NASA）

1998 年 10 月 29 日發射的美國太空穿梭機（STS-95）共有 7 名宇航員。前排兩位是飛船駕駛員和機長（指揮官），主要負責駕駛和控制穿梭機。後排有三位是任務專家，主要負責生物科學實驗和與太陽風 / 宇宙輻射相關的科研活動，其中一位是歐洲航天局的宇航員。另兩位是載荷專家，一位是日本女宇航員，另一位是大名鼎鼎的約翰・格倫。1962 年，約翰・格倫成為第一個進入環繞地球軌道的美國宇航員。在這次任務中，他是「載荷」，用以研究太空環境對一位 77 歲老人的影響。

「月球門戶」採取多艙段結構設計，依靠太陽能供應能量，依靠大型離子電推進系統維持軌道和變軌，依靠定期貨運飛船進行補給。它能夠與獵戶座載人飛船對接，執行載人登月任務，

「月球門戶」構想圖

是理想的載人前往火星的空間站雛形。未來的火星探測活動勢必在它的基礎上進行。例如，增加更大的霍曼轉移軌道推進模塊、火星軌道入軌制動推進模塊，以及更複雜的艙段和火星登陸模塊等。不管怎樣，人類正在往前跨越邁向火星的一小步。

火箭和空間站介紹完畢，我們開始研究如何前往火星。

前往火星

在前往火星前，我們先以月球為例討論載人登陸火星方案，幫助大家對載人深空探測任務有基本了解。

載人探月四大方案

早在阿波羅登月計劃之前，科學家和工程師們為征服月球提出了很多方案，其中主流的方式有四種。

1. 直接降落月球

這種方式採用直來直往的技術路線：用一枚超重型火箭將飛船直接送出地球後，飛船直接降落月球表面並返回，沒有太空交會對接過程。那時，人們對兩個航天器交會對接一無所知，有巨大的技術風險。從飛行控制和技術難度上講，這種方案最簡單、風險較低，但單個飛船重量很大，達到 80 噸級別；相比而言，歷史上真正使用過的阿波羅飛船僅 45 噸左右。這意味着，土星 5 號這種 3,000 噸級別的火箭遠遠不能滿足發射需求。美國航空航天局計劃研發更大的火箭「土星 C8」，它的重量逼近 5,000 噸，技術難度大幅超出當時的能力上限。但是，直到

2019 年，人類都沒有再次造出如同土星 5 號一樣強大的火箭，這種方案最終被放棄。

2. 在月球表面集合

這種方式將登月任務分解為兩次。第一次將攜帶大量燃料的無人探測器送上月球表面，第二次將載人飛船送到月球附近，宇航員乘坐先前到達的無人探測器返回或將燃料從無人探測器轉移到載人飛船。這個方案的優點在於，可以降低對飛船重量的要求，也就是對運載火箭發射能力的要求。它的缺點在於，兩次降落月球難度過大，如果載人飛船不能精確降落到預定地點，將無法返回。此外，在月球表面長期存放燃料和轉移燃料都極其困難，這個方案很快也被放棄。

3. 在地球軌道集合

通過數次發射小型火箭將飛船模塊送到地球軌道附近，再將模塊組裝成飛船。飛船可以直抵月球降落，完成任務後再起飛返回地球。這種方案對單次運載火箭發射能力的要求最低，甚至無須使用土星 5 號級別的火箭。它的缺點在於，需要多次使用小型火箭，甚至超過 10 次。這種方式需要多次在地球附近完成探測器交會對接，難度較大，但總體而言，性價比很高。不過，隨着重型火箭土星 5 號的出現，這個方案也很快落敗。

4. 在月球軌道集合

飛船被整體送到月球軌道，登月模塊和軌道艙（返回艙）/ 推進艙組合體分離。在登月模塊着陸月球後，其載人部份——上升級——將返回月球軌道，與軌道艙再次對接，隨後被拋棄，

軌道艙和推進艙返回地球。這個方案的難度在於月球附近的交會對接，那裏遠離地球，很難預估風險。總體而言，這個方案用一枚土星 5 號火箭即可完成，登月模塊屬於可擴展部份。這意味着美國航空航天局有更多的太空競賽空間：如果最終不去登陸月球，它可以單獨完成載人環繞月球任務；如果確定登陸月球，就可以研製登陸模塊。此外，這個方案還有一個很大的

服務艙

返回艙

登月艙

上升級

下降級

(圖源：NASA)

阿波羅飛船組合體，最終只有返回艙（軌道艙）返回地球，
登月艙下降級留在月球表面，登月艙上升級和飛船服務艙被拋棄。

優點：在攜帶擁有推進能力的登月模塊時，登月模塊可以作為核心推進系統的備份，相當於太空救生艇。1970 年 4 月，阿波羅 13 號飛船前往月球時，主推進艙發生小型爆炸事故，導致飛船失去動力，軌道艙停止工作。在緊急關頭，還未執行任務的登月模塊拯救了三名宇航員，為他們提供了動力和生存的空間。

月球距離地球只有 38 萬公里，重力小，沒有大氣。如果前往遙遠的火星，難度就會陡然增加，上述方案就要完全重新評估。如果目標是載人登陸火星並返回地球，在筆者看來，在現有技術下，直接降落的方案依然不可取，必須將三種方案組合起來才能完成載人登陸火星任務。這就是「地球軌道集合 + 火星軌道集合 + 火星表面集合」的方式，大致有如下步驟。

火星探測步驟一：地球軌道集合

現在，人類火箭依然被牢牢限定在化學燃料火箭的水平，用核能推進的安全性仍被質疑，離子電推進等技術只能用於火箭末級或其他小推力應用環境，無法產生巨大的推力，讓火箭擺脫地球的強大引力。而且，火星探測必須考慮時間窗口，人類還不能隨意縮短這個動輒近三年的時間週期。這意味着，通向火星的巨大空間站必須在地球軌道附近組建完畢，在備足燃料後才能擇機出發。在出發時，空間站必須利用強大的化學燃料推進模塊。空間站可以具體分為以下幾個部份。

A. 主生活艙和能源動力模塊

這裏是執行載人探測火星任務的空間站的核心生活區域，在環繞火星時有保持軌道的能力。這個部份可以用火箭結構改造而來，一個典型的例子是美國航空航天局的第一個空間站——

天空實驗室，它由土星 5 號火箭的第三級改造而來。1973 年 5 月 14 日，美國用一枚土星 5 號運載火箭將巨大的天空實驗室送入太空。天空實驗室重約 80 噸，內部體積達到 368 立方米，相當於一所 120 平方米的房子。實際上，它是用火箭改造的，並不是理想方案，有個單獨艙段設計得過大，一旦發生火災，就會將所有宇航員置於險境。有阿波羅 1 號火災事故的前車之鑒，天空實驗室對防禦火災極其重視，首次大量應用了煙霧報警器，這一技術後來逐漸進入民用領域，造福千家萬戶。

　　這個方案的容納空間有限，需要更多的較小的生活艙段作為冗餘系統，用節點艙對接是更加理想的方法。因而，可以將這部份設定為一個類似阿波羅飛船的結構：一半為能源與動力模塊，總重 25 噸，可使用「月球門戶」的離子電推進方案，攜帶數噸惰性氣體作為燃料，供環繞火星階段使用，足夠空間站在火星軌道運行十餘年；另一半為主生活和工作艙段，總重 25 噸，為宇航員提供生活和工作支持，同時作為主要信號中繼艙段，類似此前的火星軌道器，能夠與地球通訊，帶有對接口，用以對接下一個節點艙。

　　這個系統總重 50 噸左右。在未來十年內，中國、美國、俄羅斯將有長征 9 號、太空發射系統和聯盟 5 型等火箭可以完成發射任務，甚至太空探索科技公司的獵鷹重型火箭都有能力發射一個 50 噸級的兩段式組合艙進入近地軌道。用大型火箭兩次發射，在空間交會對接的方案也是可行的。例如，現役長征 5 號、德爾塔 4 重型和獵鷹重型火箭均可完成任務。

(圖源：NASA)

天空實驗室最後一次執行對接載人任務時，從載人飛船拍到的空間站全景。

B. 節點艙和其他艙段

這部份將是空間站主要的功能區，包括節點艙、實驗艙、氣閘艙、生活艙、能源艙等構件或它們的結合體。與「月球門戶」小型空間站方便地球補給不同，這部份有必要設計為稍大的類似和平號空間站的結構，最大限度地圍繞節點艙設置多個艙段。和平號的最大特點是模塊化，這意味着空間站需要在近地軌道用集合的方式建設，降低了每次航天發射的載重需求。

火星探測用的空間站可以基於和平號的模塊化設計理念進行改進。節點艙（10 噸級）用以對接提前發射的主生活艙，剩

餘的 5 個泊接口有以下作用：一個主要用於對接火星登陸載人飛船（40 噸級）；一個用於對接能源與實驗艙（15 噸級），實驗艙帶有大型機械臂和外部維修平台（5 噸級）；一個用於對接充氣式生活艙段（10 噸級）；一個用於出艙行走的氣閘艙，同時兼有部份實驗艙功能（10 噸級）；一個常備，用於對接貨運飛船和新載人飛船（暫不使用）。B 部份結構的總體重量在 90 噸左右，節點艙、4 個小型艙段、外部太陽能帆板、維修平台、機械臂等總重 50 噸，火星登陸載人飛船模塊重約 40 噸。發射後，它們與空間站 A 部份進行組合，部署在 400 公里左右高度。這裏大氣稀薄，適合較長時間維持軌道，國際空間站和中國天宮空間實驗室都位於此。

因此，前後總共要用中型和大型火箭進行四次發射。首先，用節點艙對接此前發射的主生活艙。其次，分別對接實驗艙、氣閘艙和充氣式艙段。在調試階段，可以多次發射貨運飛船進行補給，發射載人飛船進行在軌維持。每次載人任務有三名宇航員，調試全部系統，包括安裝實驗艙設備，安裝機械臂和外部維修平台，獲取貨物，擴展設置氣閘艙。

最後，利用大型火箭完成載人登陸火星飛船的發射，此時並不需要乘組人員。它的形式類似完整的獵戶座飛船和中國新版載人飛船，此外還包含一個火星登陸推進模塊。這個登陸模塊在飛船離開地球和進入火星軌道時並不工作，但帶有足夠脫離火星軌道的燃料，作為宇航員緊急逃生的備用設施。在決定執行登陸任務後，飛船在最後階段可以用動力反推方式在火星登陸。同時，剩餘燃料足夠返回艙在火星輕裝上陣，再次發射，將必要的登陸模塊和宇航員送回環繞火星軌道。

在經過組合後，能源艙與實驗艙同樣具有太陽能電池板，

發現號穿梭機在與和平號空間站對接時拍下的和平號（1998）

可以在主生活艙之外作為能量來源（太陽能電池板）的備份。
實驗艙配備大量科研設備，主要用於空間天氣研究、天文探測
和抵達火星後進行科研活動。可擴展充氣式生活艙可用來生活
和存儲物品，如大規模種植植物，也能提供部份能源或者與地
球進行通訊。氣閘艙和輔助的外部維修平台、大型機械臂可進
行出艙作業，捕獲載人 / 貨運飛船，安裝艙段，對空間站進行維
護。

　　在建成 A、B 兩部份後，空間站已經變成一個 140 噸左右

的巨無霸，主生活艙、副生活艙和載人登陸飛船都可以提供生活區和一定能量來源，另有實驗艙、氣閘艙等輔助艙段。此時最大的難度在於，如何讓它在短時間內迅速脫離地球引力切入地火霍曼轉移軌道。在抵達火星後，它也需要迅速制動，切入最終的環繞火星圓形軌道。對巨大的空間站而言，離子電推進和其他新型電推進技術效率太低，核能推進技術尚不成熟，只能依賴傳統化學燃料推進系統，兩部份需要消耗很多燃料。

C. 火星入軌制動系統

在小型空間站進入正軌後，再用重型火箭運送一個近乎150噸級的純推進系統，也可通過在軌加注燃料的方式擴充。這個推進系統採用能夠長期儲存的四氧化二氮和聯胺 / 偏二甲肼傳統燃料，這也是很多深空長期任務，甚至國際空間站維持軌道的基本方式。這部份推進系統通過桁架結構與空間站主生活艙一端的能源與動力艙連接，主要在空間站離開地火轉移軌道切入環繞火星軌道時進行制動，任務完成後就可拋棄，以減少整體結構重量。

D. 離開地球時的主推進系統

A、B、C 三個部份組裝完畢後，形成一個 300 噸級別的超級巨無霸，只需將其推入地火轉移軌道，就可完成入軌環繞火星任務，此時需要超強動力模塊。這是最後一個對接模塊，對燃料保存時間要求不高，可以使用推進效率最高的液氧、液氫燃料。

這部份任務也可以分幾次完成。首次任務負責運輸主推進系統，安裝液氧、液氫發動機推進模塊，將其對接到 C 部份。

在主推進系統對接後，連續用重型火箭發射多個燃料儲存模塊，進行最後對接。隨後，空間站可以點火發射前往火星。

以中國現役火箭和在研火箭組合為例，整體建造過程可參照下表。

序號	部份	艙段	重量	火箭	主要功能
1	A	能源艙	25 噸	長征 5 號	維持空間站環繞火星軌道和能量供應
2	A	主生活艙	25 噸	長征 5 號	航天員主要生活工作區域／與地球通訊
3	B	節點艙	10 噸	長征 7 號	主要用於對接 A 部份和 B 部份
4	B	實驗艙	20 噸	長征 5 號	能量供應、科學實驗等
5	B	生活艙	10 噸	長征 7 號	充氣式；航天員次要生活、工作區域；與地球通訊
6	B	氣閘艙	10 噸	長征 7 號	執行出艙行走任務、部份實驗功能
7	B	登陸火星模塊	40 噸	新載人火箭	登陸火星，第三生活、工作區，應急返回地球
8	C	推進制動模塊	150 噸	長征 9 號	離開地火轉移軌道，切入環繞火星軌道
9	D	主推進模塊	20 噸	長征 5 號	離開地球，進入地火轉移軌道
10	D	燃料模塊	150 噸	長征 9 號	數次任務；供應液氧、液氫燃料
11	/	神舟飛船	8 噸	長征 2 號 F 型	數次神舟飛船任務，維護空間站
12	/	天舟飛船	13 噸	長征 7 號	數次天舟飛船任務，貨運和燃料補加

在進行簡化計算時，為留足每個支持技術的設計時間餘量，應該選擇速度增量較小、總航程時間較短的設計方案。筆者認為，可以抓住 2035 年的火星探測窗口，設計參考的重要指標如下。

1. 從地球出發
- 日期：2035 年 6 月 25 日
- 出發軌道：400 公里高圓形軌道
- 動力系統：液氧、液氫推進模塊，比衝為 450 秒（以美國半人馬上面級為參照）

2. 抵達火星
- 日期：2036 年 1 月 15 日
- 入軌軌道：300 公里高圓形軌道
- 動力系統：四氧化二氮和偏二甲肼組合，比衝為 326 秒（以俄羅斯微風上面級為參照）

在簡化太陽系攝動環境下進行仿真模擬，可以得到如下重要參數。
- 地火轉移天數：204 天
- 總速度增量：5.73 公里／秒
- 離開地球速度增量（加速）：3.64 公里／秒
- 離開地球時總重量：633.22 噸，大部份為液氧、液氫燃料
- 抵達火星速度增量（制動）：2.09 公里／秒
- 抵達火星時總重量：269.17 噸，大部份為四氧化二氮／

偏二甲肼燃料

　　• 環繞火星有效載荷：至少 140 噸，主要為 A 部份和 B 部份多個艙段組合

　　總體而言，可以通過長征 2 號 F 型、長征 5 號、長征 7 號、新載人火箭和長征 9 號火箭組合，運送並組合 A、B、C、D 四大部份的多個模塊。其中 C、D 模塊在執行完地火轉移階段任務後被拋棄，剩餘空間站模塊「輕裝上陣」。在建設階段，可以用神舟飛船和天舟飛船對空間站進行維護，但它們並不前往火星。

　　最終，一個複雜的空間站系統建設完畢，它能夠在未來支持至少三名宇航員長期工作，可以長期在太空旅行和環繞火星運行，有多個宇航員生活和工作區域，能夠在抵達火星後進行複雜的科研活動，支持火星登陸任務。作為接泊平台，它支持火星軌道集合任務，帶有宇航員緊急逃生模塊。經過數月的星際旅行，一個 140 噸級別的大型空間站將出現在環繞火星軌道，成為人類登陸火星的跳板。在這個階段，空間站尚處於無人狀態，但已經做好了宇航員在下一個火星探測窗口期抵達的準備。

火星探測步驟二：火星軌道集合

　　火星表面自然狀況惡劣，不存在支持人類長期駐留的條件，畢竟人類生存需要巨大的能量和食物供應。用巨大的火箭從地球將能量和食物送往火星表面的性價比極低。另外，相關無人探測任務早就對火星進行了全方位科研分析，早期前去火星表面探測的宇航員沒有必要在火星表面停留數月時間等候下一個窗口期返回地球，只需執行一個月乃至幾天的短期任務即可，

所需物資大大降低。空間站抵達火星軌道後，可作為宇航員真正的火星生存基地。

2036 年，在空間站進入環繞火星軌道並準備完畢後，在下一個火星探測窗口期就可以發射載有 3 名宇航員的火星登陸飛船前往火星。它的有效載荷總重依然是 40 噸級別，離開地球時包括推進系統在內的總重會達到 181 噸。實際上，即使是 200 噸級的系統總重，用長征 9 號和新載人火箭組合，在新的時間窗口切入環繞火星軌道並與空間站對接，可成功實現 3 名宇航員入駐空間站的目標，可依靠機械臂和外部維修平台進行貨運飛船在軌加注燃料等操作。

火星登陸飛船具備登陸火星和返回火星軌道的能力，包括推進艙和返回艙兩個部份。在利用大氣摩擦和降落傘減速後，推進艙能夠在降落火星時起制動作用，降落後會被放棄在火星表面。返回艙具有足夠動力，返回火星軌道。三名宇航員中的兩人登陸火星，一人駐守空間站。在任務完成後，返回艙重新與空間站對接，送回兩名宇航員。隨後，返回艙可作為額外的生活區域，也可以根據後續任務需求隨時被放棄，以留出空間站接泊口。而空間站最早攜帶的火星登陸飛船一直作為應急備份，在發生緊急情況時可以隨時啟動，帶宇航員離開空間站，擇機返回地球。

因此，在返回地球之前，宇航員將會長期生活（常規霍曼轉移返回方案，探測週期需要三年左右，駐留火星一年多）或短期駐留（借力金星方案，探測週期兩年左右，駐留火星兩月左右）在圍繞火星的近火軌道空間站中，在火星登陸僅是任務的一小部份。如果有需要，在此期間，可以發射數艘 15－20 噸有效載荷級別的貨運飛船抵達與空間站相同的環繞火星軌道。

按照計算，貨運飛船離開地球時總重是 68 － 90 噸，用一枚長征 9 號級別的重型火箭足以完成任務。無人貨運飛船可以使用空氣剎車技術切入環繞火星軌道。空間站的空餘接泊口可供飛行器對接，也可用機械臂暫時抬起可充氣擴展生活艙，以便和第二艘貨運飛船對接，保證物資補給。

火星探測步驟三：火星表面集合

載人登陸火星任務最有挑戰性的是把人安全送離火星。在設計過程中，火星登陸飛船被設計成類似阿波羅登月艙的樣子，一部份屬於下降級 / 推進艙，一部份屬於上升級 / 返回艙，宇航員僅使用返回艙返回環繞火星軌道的空間站。返回艙使用的是可長期保存的燃料。

在降落火星過程中，着陸器需要克服火星的大氣阻力和重力不斷減速，還要藉助巨大的降落傘進一步減速。最後，推進艙火箭發動機工作，進行制動，使着陸器在接近火星表面時達到相對速度為零的完美狀態。隨後，推進艙作為火箭發射平台為返回艙服務，它的絕大部份重量是燃料。返回艙的核心載荷是宇航員，其結構將做到最簡化。不過，像電影《火星救援》那樣幾乎把飛船拆「散架」的做法太誇張。

科學家必須考慮火星登陸飛船發生故障而無法返回的情況，要有宇航員從火星表面返回的備份方案。例如，可以提前送去一個無人火星登陸飛船，掠過切入環繞火星軌道、對接空間站兩個步驟，能夠節省大量燃料，類似好奇號火星車一樣直接在火星降落。無人飛船還可以通過衝點航線先期抵達火星表面，並攜帶足夠的燃料。這意味着宇航員能夠和備份飛船在火星表面會合，大大提高了安全指數。而且，未使用的飛船可以

（圖源：NASA）

早在 20 世紀 80 年代，美國航空航天局就在不斷論證登陸火星飛船的方案。

一直作為後續登陸任務的備份。歷次任務集中在一個區域，有利於後續火星基地的開發。

從火星表面返回地球面臨的最大的困難是火箭燃料。按照現有方案，必須先把燃料送到火星表面，對於寶貴的載人飛船而言是很大的運力浪費。因此，有些科學家主張對火星資源加以利用。例如，前文提到「火星 2020」將攜帶二氧化碳製氧裝置抵達火星。

火星空氣中的大多數成份是二氧化碳，極其乾燥，而水在土壤和地下已經被發現有廣泛存在的痕跡。在火星南北極冠附近，那裏甚至有數十萬平方公里的乾冰（二氧化碳）和水冰（水）。水在電解的情況下能夠生成氧氣和氫氣，電能可以來自能量密度更高的核能或持續收集的太陽能。還有一種方案，利用電解水產生的氫氣和二氧化碳發生薩巴蒂爾反應，生成甲烷和水，最終用液氧、甲烷作為能量離開火星表面。這樣可以避免對液氫進行處理。液氫溫度為攝氏零下 253 度，而液氧溫度僅為攝氏零下 183 度，液態甲烷的溫度為攝氏零下 162 度，液氧和甲烷更容易共存。而且，液氫密度小，佔據空間巨大，不易儲存，使用液氧和甲烷無疑有更大優勢。然而，以現在的技術而言，在火星表面就地取材製造燃料的難度依然很大，最佳方案依然是自帶燃料。未來大規模的火星基地建成後，星際旅行的常態化必然促進專業火箭燃料工廠的建設。

此外，太空探索科技公司提出過一個利用大型星艦直接降落火星的方案，這種類似太空穿梭機的設計可以使飛船通過和火星空氣摩擦降低速度，然後利用發動機反推技術垂直降落火星，再垂直起飛。不過，目前這僅是一種設想，難度遠遠超過穿梭機技術。穿梭機根本沒有能力獨立起飛，必須依靠大型固

體助推器。穿梭機降落時必須使用大型機場跑道滑行。而且，穿梭機轉場都需要波音 747 飛機揹着它。美國的穿梭機是花費超過 2,000 億美元的龐大項目，我們不清楚私營航天企業能否有足夠資金來研發這種技術。

返回地球

　　從成功率來看，火星探測器返回地球的最佳方案還是沿着霍曼轉移軌道從火星出發，利用備份的載人飛船實現約 2 公里／秒級別的速度增量離開火星，再經歷新的霍曼轉移軌道（約半個橢圓距離），返回地球。這對於有能力登陸火星（需要至少 4.1 公里／秒速度增量）的載人飛船而言是完全有可能實現的。在着陸前，可以採用月球引力助推方案，飛船適當調整速度和方向，或者利用剩餘燃料繼續工作，最後直接降落地球。這種方式的能量消耗最小，技術也比較成熟。在燃料充足的情況下，也可以對方案進行優化，實現快速變換軌道。但是，探測器要等待最佳窗口，在火星附近等待的時間可能長達 500 天左右，任務週期延長到 3 年左右。

　　前文提到前往火星的衝點航線，它的最大價值是利用金星和太陽引力提升速度，壓縮了飛行時間，但面臨的風險很大，性價比很低。實際上，這種借用金星和太陽引力助推的思路在探測器返回地球時或許價值更大。通過這種借力飛行航線，探測器在抵達火星約 50 天後就可以從火星返回，直接奔金星和太陽而去，藉助兩者的力量完成一次遙遠卻更加快速的太陽系內旅行，總時長甚至可以壓縮在兩年之內。這種方案的返回時間

（圖源：SpaceX）

太空探索科技公司的火星探測方案難度極大

窗口大大提前，有足夠的優勢。目前所有的火星探測活動都是單程旅行，未來的往返旅行，尤其是載人任務，勢必會將借力航線作為重要考量。

為應對借力航線需要經過太陽中心輻射區的情況，加強防護是很有必要的。2018 年 8 月 12 日發射的帕克太陽探測器是目前最先進的太陽探測器，它距離太陽最近約 600 萬公里，在技術上已經解決了與地球的通訊問題。在金星軌道附近，這裏的輻射強度與地球上經常碰到的太陽劇烈活動造成的較大輻射相比，屬於可接受範圍。太陽活動也有 11 年的變化週期，經歷了太陽輻射很高的時期後，國際空間站有了多種解決辦法和經驗。20 年來，人類並未遇到太陽輻射很大的挑戰，從技術角度看，這種返回方式應該是可行的。

此外，如果路上發生意外情況，載人探測火星活動必須提前結束，探測器從原路返回完全是違反軌道動力學的幻想。探測器繼續沿着霍曼轉移軌道前進也不合理，因為地球的位置早就變了。此時，金星恐怕就是最好的跳板，應該消耗部份燃料，在霍曼轉移軌道的前中段進行微調，沿着新的橢圓軌道飛向金星，最終藉助金星甚至太陽，返回地球。

因此，借力飛行航線幾乎是未來的火星探測活動在返回地球時的必備方案。它可以大幅縮短宇航員駐留火星的時間，縮短任務週期，是一個性價比超高的方案。不過，大家應該很清楚：通過霍曼轉移軌道去火星和回地球是最簡單高效的方式，卻因為人的存在大幅增加了技術難度，而借力金星和太陽的方案有點像「飛蛾撲火」。這個技術細節說明了載人航天任務的複雜，它完全顛覆了傳統火星探測的形式與規模。

而且，上述內容都是基於現有技術或近十年內世界航天技

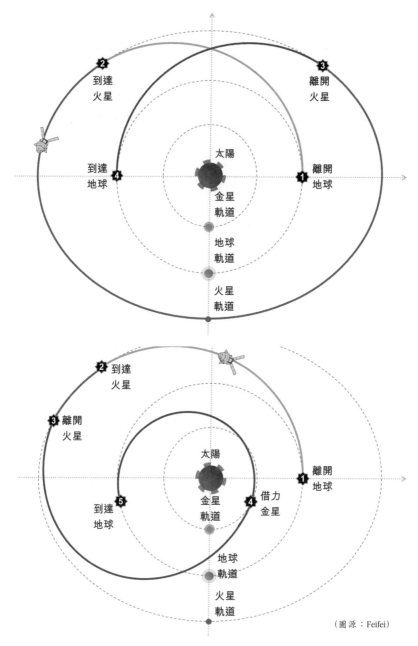

（圖源：Feifei）

快速霍曼轉移方案（上）和霍曼轉移與借力金星、太陽航線
綜合方案（下）的軌跡對比。

術發展預期做出的規劃。目前，人類尚無能力運送 1 克火星土壤返回地球，美國航空航天局計劃在 2025 年前後進行此類嘗試。火星採樣返回的難度可想而知，而載人火星探測任務的難度更是難以想像。世界各國現在並沒有真正開展載人探測火星活動，所有項目尚停留在論證階段。

這裏，筆者也想再次給大家提一個小問題：人類探測火星尚且這麼困難，載人探測其他行星會有多難呢？人類有可能掙脫太陽系的束縛嗎？

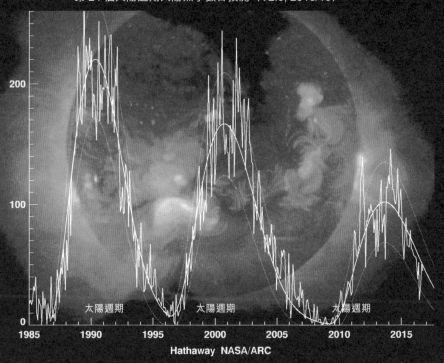

第 24 個太陽週期太陽黑子數目預測（V2.0, 2016/10）

太陽週期　　　　太陽週期　　　　太陽週期

Hathaway　NASA/ARC

太陽活動強度（以太陽黑子數量變化為例）有明顯的 11 年變化週期，人類被地球大氣庇護，並不容易察覺到這種變化。對於已經在軌 20 年的國際空間站而言，它早已駕輕就熟了。

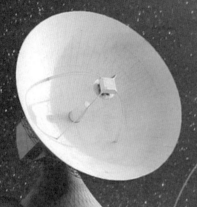

第九章

在火星生活，
你準備好了嗎

儘管火星是地球的兄弟姐妹中最適合探測的，但探測難度之大已經讓人頗為震驚。在本章，我們不妨跳出被無垠太空限制的思維定式，打開腦洞暢想：如果征服了火星，未來的人類會是一種甚麼樣的生活方式？

這一代人對此可能感覺比較遙遠，對未來的新地球人而言，這或許就是生存指南。

火星基地怎麼建

進入 21 世紀，人類探測火星活動進入新的高潮，美國、俄羅斯、歐盟、印度、日本和中國都嘗試過探測火星活動，關於火星的未來開發方案也進入各國航天發展計劃的重要日程。最理想的火星開發方案當然是整體開發，以目前人類對火星的認知，這種假設實現的可能性大嗎？

人類探測火星的歷史已經近 60 年，有近一半任務取得成功。截至 2019 年年初，美國奧德賽號軌道器（2001）、歐洲火星快車軌道器（2003）、美國偵察軌道器（2005）、美國好奇號火星車（2011）、美國火星大氣專家 MAVEN 軌道器（2013）、印度曼加里安軌道器（2013）、歐洲火星微量氣體探測軌道器（2016）和美國洞察號着陸器（2018）正在探測火星。

綜合此前的研究成果，火星的基本情況並不樂觀：火星體積小，質量小，引力小，所以散熱過快，內部能量很快流失，火星內部的「發電機」停止工作，使磁場消失。火星磁場消失的後果非常可怕，太陽風緩慢將大氣剝離，導致目前的火星大

經過人類改造，火星未來變成「綠色火星」。

氣壓力只有地球的 1%。火星的地質活動已經極其微弱，幾乎沒有板塊運動，大氣也缺少足夠的補充來源。37 億年前，火星與地球的情況也許基本相似，除海洋和湖泊普遍呈現酸性以外，基本能夠維持原始生命存在，但由於大氣流失，陷入了不可逆轉的水份散失過程。

因此，火星整體上陷入了更加荒蕪和死寂的不可逆轉的過程。火星內部能量散失是完全無法避免的，人類要放棄對它整體改造的想法。曾經有科學家大膽提出用核彈轟擊火星兩極，釋放大量水冰和乾冰，讓它們變成氣態進入火星大氣。大量二氧化碳會形成明顯的溫室效應，進一步推動火星全球變暖，降低畫夜溫差。此後降雨會廣泛出現，造就山川湖泊。然後，人類向火星大規模投放海洋浮游植物和地表植物，以此來改造火星，在數千年乃至更短的時間內火星上出現類似地球的環境。

然而，這個方案並不可行。首先，火星內部熔融金屬核的冷卻，遠不是核彈能拯救的。核彈無法重新激活火星磁場，也就永遠不會保護大氣和水份。核彈轟炸只能導致僅有的寶貴空氣資源進一步流失，而且對火星造成不可逆轉的傷害。其次，經過核彈轟擊的火星大氣成份主要是二氧化碳，這並不意味着被投放到火星上的地球植物能夠輕易生存。地球大氣中的二氧化碳的比例僅佔 0.04%，地球植物已經適應目前這種環境，更何況植物呼吸也需要氧氣，所以大規模投放植物改變火星大氣成份和釋放氧氣也就無從談起。再次，核彈極其危險，在發射過程中一旦失敗，無疑是地球和人類的巨大威脅。最後，核彈爆炸造成的核污染會隨着火星常見的沙塵暴席捲全球，很難消除的放射性同位素將給未來的火星移民造成災難。

因此，人類的火星改造計劃幾乎不可能實現全球性改變，

只能採取建立封閉基地的方式。美國航空航天局和太空探索科技公司，現有方案都是建立基地，俄羅斯進行了「火星 500」系列實驗，中國也有火星模擬基地，阿拉伯聯合酋長國和荷蘭等國也有過火星模擬基地。荷蘭私人公司「火星 1 號」曾經計劃過前往火星基地的「單程之旅」，吸引了很多人「志願報名」。不過，該公司已經在 2019 年宣佈破產。

　　目前來看，建造火星封閉基地的方案已經是各國必選的方案。相比缺少現實可行性的火星整體改造方案，建立基地顯然是唯一選擇。基地方案的最大優勢在於，基地是全封閉的，有和地球一樣的氣壓、溫度、濕度和光照等條件，不受外部惡劣環境影響。在火星基地設計方面，有以下方面需要着重考慮。

1. 基地選址

　　火星北極和赤道之間的大平原地區地勢較好，水份含量較高（超過 3%，靠近北極冰蓋）。在火星北極夏季，火星處於遠日點，因此夏季很長，白天溫度可以達到攝氏 20 度。這裏富含火山岩，有足夠的建築材料。由於火山長期噴發，奧林匹斯山和眾多高山附近有寶貴的礦藏，正如地球上的礦藏一樣。火星兩極區域有高氯酸鹽。高氯酸鹽是氧化劑，能夠作為氧氣來源，火星大氣 96% 以上的成份是二氧化碳，可作為人類未來需要的能量，也是植物光合作用必需的。此外，這裏地勢平緩，載人登陸難度較低。當年蘇聯探測器和美國極地登陸者號失敗的一個重要原因，就在於火星南部的複雜地貌。

美國航空航天局模擬火星基地

2. 建築形式

　　火星引力小，地質條件穩定，風力小（風速快，但大氣密度低，風的能量並不大），土壤材料適合用於建築。從表面上看，在這裏建造大型地表建築並不困難。然而，還有一個極其重要的因素需要考慮——宇宙射線的輻射。輻射幾乎是所有生命的噩夢，在建造火星基地時必須考慮這個因素。

地下基地無疑是最佳的火星基地方案

　　雖然厚重的牆壁或昂貴的塗層可以抵禦輻射，但將極大地限制火星基地的規模。火星基地最有效的方案莫過於半地下或全地下結構。向地下挖掘，封頂建成密閉結構，抑或鑿出類似隧道和山洞的大型結構。這樣可以有效保溫，躲避太空輻射，能夠最大限度地利用挖出的建築材料，以及礦產和水源等。在建築附近的地表，可以建設巨大的太陽能光田、核電基地和火箭發射場等。總體來說，這種方案便於將人類需要的活動區域集中化，也將人類活動可能產生的風險（如火箭發射爆炸）與生活區隔離，最大限度地提高空間和資源的利用效率。

3. 建築材料

火星土壤 95% 以上的成份是礦物質，利用現在日趨成熟的 3D 打印技術，完全可以用火星土壤建造基地。美國太空探索科技公司生產新一代載人飛船逃逸發動機時，已經在使用成熟的以鐵、鉻、鎳為材料的激光 3D 打印技術。在未來，適用於 3D 打印技術的材料將越來越多。美國航空航天局目前在持續舉辦總獎金高達數百萬美元的火星建築 3D 打印大賽，不少參賽隊伍給出了性價比很高的方案。

未來，只需運送少量打印機械人前往火星，利用 3D 打印技術，以立體蜂窩狀結構來建造一些基本構件。這些構件強度高、重量輕，能夠防範微型隕石。火星土壤有 40% － 45% 的氧元素、18% － 25% 的矽元素、12% － 15% 的鐵元素、2% － 5% 的鋁元素，對於建造以鋼和玻璃為主要結構的建築物而言，使用這裏的材料比較現實。

4. 水的來源

火星地下含有至少 2% 的水冰，北極冰蓋底部有大量水冰，加熱後即可獲取水份。火星高山斜坡上有液態鹽水流動的情況，越靠近兩極水份越多，足夠人類生存。2018 年，歐洲火星快車在火星南極冰層之下發現有疑似的巨大水湖，科學家推測水湖可能廣泛存在於火星地下。隨着對火星研究的深入，這些液態水湖未來或許會成為火星移民的重要水源。

5. 空氣來源

按照前文介紹，「火星 2020」任務將在火星上進行二氧化碳轉換氧氣的實驗，如果實驗成功，將標誌着可以利用火星原

位資源產生氧氣，而這種資源是火星大氣中非常充沛的二氧化碳。火星土壤中有較多高氯酸鹽，通過簡單加熱即可獲取氧氣。火星北極更是一望無際的乾冰和水冰蓋，水資源取之不盡，用之不竭。用電解水的方式可獲得氧氣和氫氣，氫氣能夠和二氧化碳反應進一步生成火箭燃料，而氧氣可供呼吸或作為火箭燃料。在封閉環境中，只要維持低壓富氧的環境，人類即可健康生存。此外，無論人類活動產生的二氧化碳，還是空氣中取之不盡的二氧化碳，都可以作為植物的「糧食來源」。

火星農業指南

民以食為天。但是，從地球長期往火星運送補給的方案困難重重，成本極高。這種方式難以維持大型的火星基地，火星基地發展農業無疑是重中之重。影響農業的最重要的因素便是水源，這個問題已經解決，水可以從火星土壤和南北極冠的水冰甚至地下水湖中獲取。

地球上的植物經過陽光數億年的「照顧」，適應了環境，形成了對太陽的依賴。在火星上，植物幾乎不可能依賴天然的陽光作為能量來源。持續數月的席捲火星的沙塵暴可能阻擋陽光到達火星表面，形成危機。近乎密閉的火星基地不可能有自然光照明，這會影響植物生長。因此，火星基地發展農業必須依靠人造光源，光源能量可以來自太陽能光田存儲的太陽能，或者是核能、地熱（如果還有）和化學燃料等。每種植物都有自己偏好的電磁波頻段，目前植物學家已經能夠為特定植物提供特定的光照條件，大大降低了能源消耗。在人類肉眼看來，

在 2015 年的火星建築 3D 打印大賽中，參賽隊伍「Gamma」以這個設計方案獲得了 1.5 萬美元的獎勵。當然，參賽模型必須經過結構強度等考核。

這些人造光呈現出單一顏色，甚至昏暗無比，但它們卻形成植物生長發育的最完美的環境。

　　火星土壤總體上極其乾燥，根據現有證據並未發現土壤中有複雜的有機物。由於宇宙輻射的長期影響，火星土壤帶有一定的放射性，還廣泛存在各種氯化物，必須經過處理才能為農業所用。慶幸的是，火星土壤中有足夠的矽酸鹽和微量元素等地球土壤基本成份。可採用自動耕作機械人對土壤進行加熱，或以化學反應方式逐漸對火星土壤進行改良。在建設半地下基地時，選用深層土壤無疑更好，深層土壤水份含量更高，輻射量更低。而且，好奇號火星車在工作期間甚至發現火星深層土壤疑似有週期性釋放甲烷氣體的現象，使人們對火星深層土壤的結構更是浮想聯翩。對於火星土壤中缺乏的營養成份，如氮、

(圖源：NASA)

國際空間站的實驗「菜地」，採用看起來奇怪的 LED 光照技術。

磷、有機物等，估計只能依靠地球補給，而它們在密閉狀態下是能夠高度循環利用的資源，總體能夠滿足農業需求的動態平衡。

此外，二氧化碳是植物的天然肥料。不少現代農業機構提高大棚中的二氧化碳含量，以提高植物的生長效率。對未來的火星農場而言，二氧化碳是近乎免費的肥料，可以直接從火星大氣中獲取。此外，人類呼吸產生的二氧化碳也可以由植物消耗掉。

大家可能記得電影《火星救援》中種植馬鈴薯的情景。事實上，這的確是一個最佳選項：馬鈴薯對土壤肥力要求較低，對水份要求適中。馬鈴薯產量大，生產週期短，是人類的主糧之一。國際知名的荷蘭瓦格根大學，模擬火星土壤進行了一系列農作物種植實驗，實驗蔬菜品種包括番茄、黑麥、蘿蔔、豌豆、韭菜、菠菜和水芹等。

在長達數年的載人航天工程中，蘇聯的禮炮系列／和平號、美國的天空實驗室、中國的天宮實驗室和國際空間站，都進行過生菜、大米、小麥、洋葱、黃瓜、白菜等種植實驗。中國的嫦娥4號登陸月球時，攜帶了一個微型生物系統，開發「菜地」。利用太空失重和輻射環境進行太空育種，是已經得到驗證的成熟技術。

未來，人類培育的植物將會成為火星基地的主要種植品種。隨着育種技術的進步，會有越來越多的植物進入這個名單。可以想像，未來的火星基地可以生產大量可供選擇的蔬菜和水果。

在穿衣方面，除了外出時需要穿上宇航服之外，火星移民幾乎都生活在溫度、濕度、氣壓完全穩定的基地中，並不需要準備四季衣服。在火星上可以種植蓖麻類植物，它們的適應能

早在 20 世紀，就有生物學家修建了封閉的大型模擬生態系統。
在封閉系統內，很多動植物在人為控制下形成了良性生態循環。

力很強，是優秀的經濟作物：枝幹可以製作纖維，葉子可以用
來飼養蓖麻蠶，製作蓖麻蠶絲；二者可以作為人類衣物的原料。
火星上的礦物原料可以用來製作染料，從農作物中也可以提取
天然色素。例如，鮮花可以作為觀賞作物，也可以作為大量天
然色素的來源。火星基地的每位成員可以有彰顯個性的衣物。

此外，蓖麻籽可提煉出食用蓖麻油和工業原料，在提煉過程中產生的蓖麻粕可以製作蛋白質飼料，剩餘部份也可以變廢為寶，成為農業和工業原料。

在火星上，使用現代化農業技術將是必然的。在密閉空間內，小型機械人可以自動完成播種、監控、施肥、授粉、收穫等一系列過程，極大地提高生產效率。太空育種技術非常方便，只需將種子放到火星表面，受到一定劑量輻射即可；用以培育植物新品種的轉基因等技術也將日趨成熟。

種植農作物對現代航天技術而言已經不再是挑戰，但不能指望每個火星移民都是素食主義者，動物蛋白的獲取將是一大難點。現在，很多科學家在研究如何解決這個問題。

在時長一年的月宮 1 號實驗期間，中國進行了黃粉蟲養殖實驗，所有材料均來自密閉的基地空間。黃粉蟲乾品含脂肪30%，含蛋白質高達 50% 以上，還含有磷、鉀、鐵、鈉、鋁等常量元素和多種微量元素；在經過油炸處理後，其口感不輸於市面上任何小吃。在實驗期間，基地成員的重要動物蛋白質來源就是黃粉蟲。對於大麥蟲，相信有人並不陌生，它在不少地方就是一道菜。在火星上，這些生物恐怕會成為人們常見的食物，而不只是偶爾嘗鮮。

荷蘭瓦格根大學的維格‧沃姆林克（Wieger Wamelink）教授曾在實驗中將成年活蚯蚓投放到模擬火星土壤中，評估它們在獨特土壤環境中的適應能力。研究人員並未料到實驗中的蚯蚓能夠成功繁殖。沃姆林克在一份聲明中說：「很明顯，肥料刺激它們生長，特別是在模擬火星土壤中，而且我們看到那些蚯蚓非常活躍。最令人驚奇的是，在實驗末期，我們在模擬火星土壤中發現了兩條小蚯蚓。」蚯蚓一方面可以作為改善土

壤的重要工具，另一方面也可以作為人類生存需要的蛋白質來源。2019 年，中國科幻電影《流浪地球》上映，把蚯蚓乾描述為非常奢侈的食物。

此外，隨着生物技術的進步，利用基本原料在實驗室環境下培養肉類的可能性也大大提高。有科學家進行過培養基中的「牛肉」生長實驗，生產出的「牛肉」幾乎以假亂真，在口感上和真牛肉相差無幾，甚至可以按照客戶需求訂製。如果火星移民對來自低等無脊椎動物的蛋白質有心理抵觸，就可以將其升級為「人造肉」或者提煉成氨基酸、維生素等膠囊。

短期看來，在寸土寸金的火星基地裏大規模養殖牲畜的可能性很低。動物需要生長空間和食物來源，它們造成的污染難以處理。養殖大型家畜佔用的資源不亞於人類自身，是巨大的資源浪費。如果要享用大餐，或許需要從遙遠的地球訂製。在火星養殖動物只是一個遙遠的設想，連養一隻雞都很難。如果並不介意，實驗室生產的「牛肉」和「雞肉」，與真正的肉並沒有甚麼實質區別。

總體來說，建立獨立的植物種植倉，進行無土栽培，利用最新的種植技術（極少光照和能量消耗），是非常現實的。在相對密封的植物種植倉中，養份充足，二氧化碳含量遠超地球，有精心選育的植物品種，那裏的重力不及地球一半，植物可以生長得更大。這意味着人工培育的植物產量可能遠遠超過地球上的產量。而且，農作物能夠產生大量氧氣供人類使用。在封閉環境中，水份近乎可以實現無限循環。植物的廢棄秸稈等，可以被加工成昆蟲飼料。作為奢侈品，搞私人訂製的家禽飼養工程，也未嘗不可。

人類在火星上的吃飯問題能夠基本解決。

火星工業指南

工業是現代社會的基石，享受過工業革命後便利化生活的人不會質疑這個觀點。航天技術是工業時代的皇冠，不僅將人類的夢想帶到了魂牽夢縈的太空和遙遠的宇宙角落，還改變了我們的日常生活。如今非常普遍的人體醫療檢測設備、通訊設備、電子芯片、太空育種技術，甚至寶寶用的紙尿片和耳溫計等，都和航天科技有着千絲萬縷的聯繫。對於火星移民而言，工業顯然也是極其重要的。

火星工業的一大問題是能源問題。在火星基地外圍和表面建立大型太陽能電池板陣列（可用矽、氧、鐵、鎳等為原料）將是可選項。機遇號和勇氣號火星車證明，太陽能電池板在火星沙塵環境下可以長期正常工作。原計劃工作 3 個月的機遇號的太陽能電池板竟然堅持了 15 年！對火星基地而言，人類可通過定期檢查方式保證電站的效率。

為應對沙塵暴天氣和夜間無光情形，可將大型同位素發電機作為能源補充設備。例如，好奇號火星車採用此項技術，它在火星上的工作期限被不斷延長。從理論上講，它可以繼續工作 20 年以上（核電池的放射性元素鈈 -238 半衰期長達 88 年）。與此同時，美國航空航天局也在研究可長期使用的大型核電能源，這種能源可用於月球基地和火星基地，類似小型核電站，能夠滿足大規模工業生產用電需求。如果人類在未來掌握核聚變技術，能量就將取之不盡，用之不竭。屆時，從地球運送一次核聚變燃料或許就能維持一個火星基地運作幾十年。

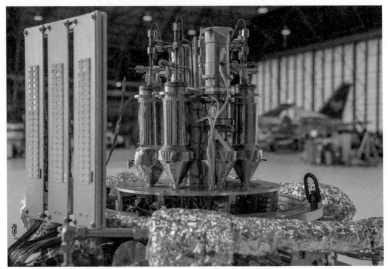

美國航空航天局正在研製小型核電裝置，其目標是總重量低於 300 公斤，持續輸出功率為 10 千瓦左右。這個裝置使用半衰期長達 7 億年的放射性元素鈾 -235。

　　全程封閉的軌道交通將成為火星的重要交通方案。目前，在地球上，無論海底隧道還是山中的鐵路隧道都很多，修建難度很大，但技術已經非常成熟。對於偶然的戶外活動，火星車是比較成熟的技術。針對更遠的出行目標，用火箭進行航天旅行是火星基地的必備選項。總體來說，大型軌道交通將火星基地變成一個鐵軌和站點封閉的系統。火星氣候條件比地球簡單，對軌道交通影響很小，系統維護成本很低，設備壽命也將大大延長，性價比很高。

　　在軌道交通的基礎上，採礦和礦產精加工將成為火星上一個極其重要的行業。這裏的「礦」不僅包括地球上傳統意義的礦藏，還有一些在地球上根本不必考慮的資源，如地下有機物

（目前不排除這個可能）、兩極的水冰和乾冰、火星山脈因微弱的地質運動出現的礦藏等，它們都將是開發的目標。由於軌道交通比較發達，這些全自動化礦場將和火星基地連接，用機械人遠程進行控制，可以保證資源源源不斷地抵達基地。與此同時，生產各種智能裝備的製造業也是這個行業的支持產業。

火星比地球小很多，體積只有地球的 15%，表面積是地球的 28%。但是，很多人忽略了另外一個事實：地球絕大部份表面積被人類無法直接生存和利用的海洋覆蓋（71%），而火星上沒有海洋。其實，火星可用陸地面積和地球七大洲的總面積是極其接近的。火星可供利用的工業資源可能不亞於地球。火星人口數量注定不可能跟地球上的一個小國人口數量相比，所以火星人均資源可能遠遠超過地球。

火星還是人類的一個龐大的行星基地，這裏顯然不是人類的終點。火星處於太陽系的合適位置，受太陽引力影響較小，其自身引力和空氣造成的干擾也遠小於地球，在這裏發射火箭和進行航天活動的難度低很多。此外，出於實際需求，例如監測火星天氣變化（尤其是沙塵暴）、無人礦場狀態、資源勘探、遠距離通訊、導航與定位服務等，需要發展圍繞火星運行的氣象、遙感和導航衛星。以導航與定位服務為例，火星幾乎沒有磁場，動輒出現大型沙塵暴，使人類幾乎無法確定自己的位置，建立類似中國北斗和美國 GPS 的衛星導航定位系統就顯得格外重要。為了與地球交流，開發火箭和太空探測器也是必需的。另外，火星缺乏大氣對隕石和小行星的有效防禦，人類需要開發先進的監控和主動防禦手段，避免火星基地受到危害。總而言之，航天業必然成為火星基地的核心支柱產業。

火星上缺乏的稀有礦物質其實沒必要依賴從地球運輸。

火星距離小行星帶非常接近，這裏有幾十萬顆小行星，還有數億乃至無窮無盡的極小星體，它們的成份和構造完全不同，不少擁有地球上極其稀缺的礦物資源。以小行星帶的靈神星（16 Psyche）為例，它幾乎完全由鐵、鎳元素構成，極像岩石行星內核，可能含有大量稀有金屬。它的質量為 2.4 億億噸級別，遠遠大於人類每年僅 20 億噸的鐵礦石消耗量。即使不考慮鐵礦石的純度，按照地球普通鐵礦石的品質計算，這也足夠人類使用上千萬年，可以説是無限資源。

　　從火星出發進行航天探測比從地球出發簡單得多，完全能夠建立定期「採礦航班」，用推進裝置緩慢控制大小合適的小

（圖源：NASA）

小行星帶或許是火星巨大的寶藏

（圖源：NASA）

美國航空航天局計劃在 2022 年發射靈神星探測器

行星，利用太陽和木星的綜合作用力實現四両撥千斤的效果，逐漸改變小行星的軌道，讓其靠近火星。在接近火星時，將小行星拖入火星，讓其墜落在火星表面，形成一個小型礦藏。接下來，慢慢對它進行開採就可以了，而開採這種露天礦藏的性價比很高。

　　總體而言，火星移民將擁有遠超地球的人均資源，可以建立一套智能高效的工業系統，這個系統能夠支持火星基地實現可持續性發展。

火星就業指南

如果有機會去火星基地，我們有甚麼職業可以選擇呢？

心理學家亞伯拉罕・馬斯洛在論文《人類動機理論》中提出人的「需求層次理論」，因而聞名於世。在這個理論中，他將人類需求從低到高分成了生理需求、安全需求、社交需求、尊重需求和自我實現價值需求。這套理論可以解釋很多現代人對職業的認知。

從表面上看，火星基地環境更加惡劣，人類面對的挑戰非常大。這意味着人類對安全需求的底線將大大不同於地球。地球上的絕大部份生命都把「活着」作為絕對底線，如人的呼吸系統具有高級權限，即使人體被麻醉，也會自主繼續工作。為確保宇航員安全，所有載人航天工程都非常複雜，成本高昂。因此，未來的火星基地將是一個高度機械化、智能化的分工極其細緻的小型社會，整體安全性高於個體安全性。在火星基地，安全至高無上，高科技能夠提供充足保障，人們不用為此擔心。

火星人口注定不會很多，人均資源將遠遠高於地球，不會有明顯的分配不均和貧富差距問題，每個人都傾向於滿足生理需求之外的其他需求。在這種前提下，很多職業走向將會與地球上大不相同。

在火星，農業和工業生產主要由智能系統和機械人進行，高度工業化可以為人們提供高水平的醫療、教育和飲食服務，但要進行個性化訂製確實很難。火星最好的職業將在服務業中出現，尤其是高度依賴人的創造性的工作，如醫生、教師、廚師等。其實，這種情況已經在地球上的人類社會中廣泛發生：當快餐行業發展到每人可以低價買到足量食物的時候，高級餐

廳的收費卻在水漲船高；網絡上的教學資源近乎無窮，好老師和好學校卻越發千金難求；醫療行業更是如此，當藥店和廉價藥品到處都是時，頂級醫療資源卻是常人根本無法接觸到的。

火星社會還面臨一個重大問題：人類社會的社交結構將會發生變化。極其發達的生產力和近乎完美的社會福利體系將會極大地改變人與人之間的關係，每個個體的發展軌跡都可以與眾不同。這意味着傳統的家庭和朋友關係將受到巨大的挑戰。在發達社會中出現的高離婚率、陌生人社會等問題，在火星上將變得更加明顯。

火星狹小的生存空間也成為陌生人社會的一大挑戰，能夠為人類應對這些問題的職業無疑將發揮巨大的作用。心理專家將成為與教師一樣重要的職業，音樂、繪畫、喜劇等能夠幫助人類解壓的行業會非常受到歡迎。

此外，不管地下設施建造得多好，都無法抑制人類想要進行戶外活動的衝動，哪怕需要穿着厚厚的宇航服，使用笨重的嚴格進行防護的車輛。壯觀的奧林匹斯山、艾爾西亞山、帕弗尼斯山和艾斯克雷爾斯山可以開發「滑雪場」，雖然那裏沒有足夠的雪，但這種旅遊項目肯定人氣爆棚。給你一輛火星越野車，讓你進行 30 天奧林匹斯山穿越之旅，想想就難以抑制地興奮起來，願意為之奮鬥多年，以支付昂貴的費用。或者，我們去火星探寶，去蓋爾撞擊坑參觀 N 年前降落火星的「古董」好奇號火星車。火星車旁邊還豎着一個牌子——「請勿觸摸」。這將是非常有趣的事情。旅遊業一定會給枯燥的火星生活帶來各種樂趣。

充份工業化也讓高度依賴人的職業技術水平的工種體現出自己的價值。利用機械人和人工智能，或許幾個人便能控制大

（圖源：Pixabay）

未來的火星基地可能是類似地鐵線路和站點的封閉結構，
人在進行戶外活動時才會穿上厚厚的宇航服。

型礦場，個體勞動力的價值被大大提升。同樣的事情還會出現在植物學家、動物學家、電腦專家、小行星採礦專家、軌道交通工程師、小行星防禦專家和資源回收專家等身上。

總而言之，生產力高度發達的火星基地將是一個完全不同於地球人類社會的存在，不再以滿足個體基本生存需要為核心，而是讓每個人將實現自我價值需求作為首要任務。

未來，火星人還是人類嗎

終於到了本書結尾部份，我們從回顧古代人如何認知火星、現代人如何一步步征服火星，一直聊到當代和未來。現在，人類正處於征服火星的前所未有的大潮之中。如果未來人類征服火星，實現了大規模的移民，還有一個非常重要的問題：

火星移民和地球人是一種甚麼關係，他們如何看待自身文明和地球文明？

大自然規律告訴人類：物競天擇，適者生存。正是這永恒不變的自然法則，篩選出地球上的每個物種，也讓人類走上了生物鏈頂端。人類依靠的就是從古代人猿繼承並積累下來的競爭優勢。人類是一種高度社會化的動物，抱團取暖讓人類得以孕育農業文明，又進一步擴大族群，進而孕育出部落、國家和民族等諸多集體。工業文明和後續信息時代的出現則將人類推向了今天所在的巔峰。

然而，很不幸，從誕生之日起，人類就沒有離開大自然之外的殘酷競爭。換句話說，人類內部鬥爭由自然選擇激發，但又重於自然選擇。當人類祖先還在非洲樹叢中時，競爭就已經

開始了。直到今天，我們也能在電視節目中看到叢林中黑猩猩部落之間的屠殺，彼此爭奪地盤和食物。百萬年前，在競爭中落敗的人類遠古祖先被迫走出叢林，來到草原。他們非常幸運地孕育了未來的人類，而不是滅絕。來到草原的人類中很快出現了新的被驅逐的異類，他們因為基因突變在身體發育後開始直立行走。這些早期智人又被迫遠離其他族群。只不過，他們也非常幸運，成為現代人類更近的祖先。更晚之後，又有人類族群被逐出非洲，他們進入歐亞大陸，與尼安德特人和其他人種進行對抗。他們被叫作晚期智人，也就是我們。在淘汰無數競爭物種後，人類才有了今天的地位。

再往後，即使進入文明階段，人類族群也在迅速分化。因為信仰不同，人類之間就會發生戰爭；因為政治見解不同，人類之間就要拚個你死我活。即使今天，人類之間因為政治和經濟糾紛依然會勢同水火。

繁衍若干年後的火星人，將會和我們有多大的區別呢？

特徵：他們的身體構造與地球人逐漸不同

火星移民繼承了地球人類基因，在火星低重力環境下，他們將生長得更高大。由於長期生活在地下封閉環境中，他們的皮膚份外白皙，黑色素沉積很少，甚至白於北歐人。由於生活在高濃度低壓氧氣環境，他們的胸腔和腹腔的發育和人類將慢慢有所不同。長期習慣穿脱太空服的他們，更能夠應對各種高輻射、高污染的危險環境。要知道，如今地球上的絕大部份生命都能找到遠古時代生活在海洋中的影子，即使是天上飛行的鳥，也經歷了從海裏到陸上，再到樹上，最後到空中的過程，而今天的物種和祖先已經大相徑庭了。

地球人擔心的馬斯洛需求中最基本的需求（生存需求）與火星人擔心的會有本質區別。舉個最簡單的例子，地球人幾乎不必擔心空氣缺乏，肺從未經歷過這種自然選擇，而火星人可能從生下來就要接受系統性醫學訓練，對抗突發性缺氧情況。

文化：他們的文化與地球人大不相同

以地球為例，美國人基本是世界各國移民的大集合，但沒有人會說美國文化與世界其他國家的文化完全一致。好萊塢電影風格不同於任何國家的電影，甚至越來越多的人開始將美式英語叫作美語。在美國出生的各個族裔的後代，除外表外，已經很難看到與原始族裔相同的文化特點了。

在火星移民中，這樣的事情也會發生。在 50 至 100 年內，在火星出生的移民後代在純粹的火星環境中長大，他們的身體發育與地球人不同，教育和醫療條件也大不相同。火星人生活在封閉的嚴苛基地環境中，每個人接受精英教育，也許所有人都是上知天文、下知地理的天才。他們的社群組織方式、對自我價值的認知，甚至對語言的選擇，都將遠遠不同於地球人。這正如《火星救援》的男主角，為了最為高效地與地球通訊，選擇 16 進制數字和 ASCII 碼進行交流。對於地球人而言，如果不是頂級科學家，有幾個能夠聽懂那時火星人的語言？對於地球人來說，那就是真正的火星語。

火星人與地球人之間的文化差異，也許超過了現在的都市人和亞馬遜雨林還未完全開化的部落的區別。

科技：他們的科技很快領先地球

　　人類進步永遠伴隨着生產力的發展。而推動生產力發展的，無外乎兩個最重要的因素：內心的恐懼和貪婪。例如，人類航天器的起源是第二次世界大戰中使用的武器，東西方冷戰又將它推向了高潮，而冷戰根源是對立雙方對掌控世界權力的貪婪和對失敗的恐懼。人類的火箭技術，直到今天仍然沒有超越20世紀60年代冷戰期間土星5號的水平。

　　地球的生活條件太完美，人類有近乎無限的空氣和水源，煤、石油、天然氣等能源也幾乎用之不盡。地球還有強大的磁場和大氣保護，即使每天有無數小行星和彗星撞擊地球，稠密的大氣層也會把它們焚毀，使之成為美麗的流星。那些把火星大氣剝離殆盡的恐怖的太陽風和宇宙輻射，也被地球磁場塑造成美麗的極光。

　　在火星上，一切大為不同，火星移民幾乎無須商討便會把大量資源投入科技研發。火星距離小行星帶和太陽系內第二大引力源木星最近，即使發生危險的概率極低，小行星帶來的問題還是很嚴峻，極其普通的流星都可能威脅火星基地的生死存亡。因此，火星人需要投入大量資源研究航天技術和防衛技術。

　　這只是一個小小的例子。可以想像，火星人還會大力發展生物和醫學技術。地球上一直沒有真正實現的「生命科學的世紀」和「征服核聚變技術」，在火星上將成為更加急迫的需求。火星人將擁有最先進的自動化機械人、人工智能和網絡通訊技術。他們將有最先進的航天技術，能夠實時監測全球任何變化，又可以預測太陽系內數以億萬計的小行星的精確軌道。而且，火星人將擁有遠超地球人的驚人破壞力，畢竟他們要開發太陽系最高的山、最長的峽谷，還有一望無際的南極、北極冰架，

他們甚至需要對抗地球人完全沒有能力對付的小行星。

可以說，在幾百年內，火星人的身體、文化、科技乃至價值觀，都將大大不同於地球人。在科技和潛在的軍事應用方面，他們將遠遠超過地球人。

那麼，當火星基地發展幾百年後，火星人與地球人將會是甚麼樣的關係呢？他們看到的地球，會不會是一個資源豐富的地方？未來的地球人如何與火星人和諧相處，共同開發地球、火星和太陽系，甚至整個宇宙？這將是一個非常值得思考的難題。

回到本書開啟時的內容，地球是人類的搖籃，但人類不可能永遠生活在搖籃中。我們從何處來？我們是誰？我們將向何處去？這三個人類終極問題，依然沒有明確的答案。

人類搜尋太空中生命存在的痕跡，卻一次又一次地失望。難道我們是宇宙唯一的智慧生命嗎？宇宙這麼大，只有一種「高級生命」是不是太浪費了？

1990 年 2 月 14 日是情人節，在太空中已經旅行 13 年的旅行者 1 號踏上了離開太陽系的旅程。此時，旅行者 1 號與地球之間的距離已經超過 60 億公里，它為太陽系的行星拍下了「全家福」。其中一張照片顯示出地球是一個不起眼的暗淡藍點。

著名天文學家、科普作家卡爾・薩根評論：

「如果再看一眼那個光點，你會想到，那是我們的家園和我們的一切。你所愛所知的每個人、聽說過乃至存在過的每個人，都在小點上度過一生。歡樂與痛苦、宗教與學說、獵人與強盜、英雄與懦夫、文明創造者與毀滅者、國王與農夫，情侶、父母、兒童，發明家和探險家，還有崇高的教師、腐敗的政客、

地球 ⟶

（圖源：NASA）

暗淡藍點

耀眼的明星、偉大的領袖，歷史上所有的聖人與罪犯，都住在
這裏——它只是一粒懸浮在陽光中的微塵。」

我們知道，人類會踏入星辰大海，火星必然是下一站。

下一站火星，是人類的未來，也是人類面臨的挑戰。

我們應該怎樣面對？

致謝

本書得以最終出版，我想首先感謝電子工業出版社的鄭志甯老師和她的同事。鄭老師在本書的醞釀、寫作、編輯和出版各個環節做出了大量專業細緻的工作。

作為本書的審稿人，徐蒙博士提出了一些專業見解和修改建議，大大提高了本書的科學性。寮紫等知乎和微博網友，在我日常發表科普作品的過程中，提出了積極的建議。劉宇鑫對本書數據計算部份做出了貢獻。在此，對他們一併表示感謝。本書在籌備出版期間，受到了不少專業人士的關注。在此，本人誠摯感謝「火星叔叔」鄭永春博士和龐之浩研究員對本書的真誠推薦。他們在我內心最早種下「種子」，使我立志從事航天科研和進行科普推廣活動。中國科學院「中國科普博覽」（http://www.kepu.net.cn/）平台，與我有長期合作關係，也為本書做出了巨大貢獻，在此表示感謝。

撰寫本書的過程，也是我再一次系統梳理航天知識的過程，我使用並參考了大量同行的工作成果。美國國家航空航天局（NASA），無私分享了大量精美圖片。本書也參考了歐洲航天局（ESA）、日本宇宙航空研究開發機構（JAXA）和俄羅斯聯邦航天局（Roscosmos）等公開的大量信息。美國商業航天太空探索科技公司（SpaceX）無私分享了大量高清圖片。本書參考了大量中國國家航天局（探月與航天工程中心）公佈的科研成果。還有一些此處未提到，書中註明的圖片來源和作者，他們也使本書更加豐富多彩。在此，一併表示感謝。

最後，感謝我的妻子宋菲菲（Feifei），她為本書提供了精

美的手繪插圖。在本書成書過程中，她操持家務，使我有足夠的寫作時間。她也為本書提供了更有閱讀性的建議。

　　由於本人學識和能力有限，書中不可避免會存在一些錯誤和紕漏；航天科技發展迅猛，很多舊的知識也在不斷進行更新。本書如有謬誤或相關知識未及時更新，請各位讀者海涵，並積極反饋給出版社，我們將及時做出修改。如果本書存在圖片和內容方面的錯誤引用和結論，也請相關作者與我們聯繫，我們將積極進行反饋。

　　本書獻給每一個對火星乃至人類航天的未來遠景感興趣的人，希望我們永遠保有「星辰大海」的夢想。

附錄

一、主要資料來源

美國國家航空航天局（NASA）：www.nasa.gov

美國噴氣推進實驗室（JPL）：www.jpl.nasa.gov

歐洲航天局（ESA）：www.esa.int

中國國家航天局（CNSA）：www.cnsa.gov.cn

俄羅斯聯邦航天局（Roscosmos）：www.roscosmos.ru

日本宇宙航空研究開發機構（JAXA）：www.jaxa.jp

印度空間研究組織（ISRO）：https://www.isro.gov.in

美國太空探索科技公司（SpaceX）：www.spacex.com

二、參考文獻

1. Bibring J. P., Langevin Y., Poulet F., Gendrin A., Gondet B., Berthé M., ...& Moroz V. "Perennial water ice identified in the south polar cap of Mars", *Nature*, 428(6983), 2004, p. 627.

2. Chicarro, A., Martin, P., & Trautner, R. "The Mars Express mission: an overview", in: *Mars Express: The Scientific Payload*, Vol. 1240, August, 2004, pp. 3-13.

3. Compton W. D. *Where no man has gone before: A history of Apollo lunar exploration missions*, NASA Special Publication-4214 in the NASA History Series, (US Government Printing Office, 1989).

4. Crisp D., Allen M. A., Anicich V. G., Arvidson R. E., Atreya S. K., Baines K. H., ... & Carlson R. W. "Divergent evolution among Earth-like planets: The case for Venus exploration", in: *The Future of Solar System Exploration (2003-2013)— First Decadal Study contributions*, Vol. 272, August, 2002, pp. 5-34.

5. Hubbard G. S., Naderi F. M. & Garvin J. B. "Following the water, the new program for Mars exploration", *Acta Astronautica*, 51(1-9), 2002, pp. 337-350.

6. Jakosky B. M., Lin R. P., Grebowsky J. M., Luhmann J. G., Mitchell D. F., Beutelschies G., ...& Baker D. "The Mars atmosphere and volatile evolution (MAVEN) mission", *Space Science Reviews*, 195(1-4), 2018, pp. 3-48.

7. Li S., Jiang X. "Review and prospect of guidance and control for Mars atmospheric entry", progress in *Aerospace Sciences*, Vol. 69, 2014, pp. 40-57.

8. Mahaffy P. R., Webster C. R., Atreya S. K., Franz H., Wong M., Conrad P. G., ... & Owen T. "Abundance and isotopic composition of gases in the Martian atmosphere from the Curiosity rover", *Science*, 341(6143), 2013, pp. 263-266.

9. Marov M. Y., Avduevsky V. S., Akim E. L., Eneev T. M., Kremnev R. S., Kulikov S. D., ... & Rogovsky G. N. "Phobos-Grunt: Russian sample return mission", advances in *Space Research*, 33(12), 2014, pp. 2276-2280.

10. Muirhead B. K. "Mars rovers, past and future", in: *2004 IEEE aerospace conference proceedings* (IEEE Cat. No. 04TH8720, Vol. 1). IEEE. March, 2004.

11. Musk E. "Making humans a multi-planetary species", *New Space*, 5(2), 2017, pp. 46-61.

12. Papkov O V. *Multiple Gravity Assist Interplanetary Trajectories*, Routledge, 2017.

13. Squyres S W, Knoll A H, Arvidson R E, Clark B C, Grotzinger J P, Jolliff B L, ... & Farrand W H. "Two years at Meridiani Planum: results from the Opportunity Rover", *Science*, 313(5792), 2006, pp. 1403-1407.

14. Sundararajan V. "Mangalyaan-Overview and Technical Architecture of India's First Interplanetary Mission to Mars", in AIAA Space 2013 Conference and Exposition, 2013, p. 5503.

15. Taylor F W. *The scientific exploration of Mars*, Cambridge University Press, 2009.

16. Viikinkoski M, Vernazza P, Hanuš J, Le Coroller H,Tazhenova K, Carry B, ...& Fusco T. "Psyche: A mesosiderite-like asteroid?", *Astronomy & Astrophysics* (16), 2018, 619, L3.

17. Walberg G. "How shall we go to Mars? A review of mission scenarios", *Journal of Spacecraft and Rockets*, 30(2), 1993, pp. 129-139.

18. Hohmann W. *Die Erreichbarkeit der Himmelskörper: Untersuchungen über das Raumfahrtproblem*. München (Germany): R. Oldenbourg, 1925.

19. Wamelink G W, Frissel J Y, Krijnen W H, Verwoert M R, & Goedhart P W. "Can plants grow on Mars and the Moon: a growth experiment on Mars and Moon soil simulants", *PLoS One*, 9(8), 2014, e103138.

20. Yu Z, Cui P, & Crassidis J L. "Design and optimization of navigation and guidance techniques for Mars pinpoint landing: Review and prospect", progress in *Aerospace Sciences*, 94, 2017, pp. 82-94.

21. Zurek R W, & Smrekar S E. "An overview of the Mars Reconnaissance Orbiter (MRO) science mission", *Journal of Geophysical Research: Planets*, 112 (E5), 2007.

22. 〔美〕安迪·威爾著，陳灼譯：《火星救援》（南京：譯林出版社，2015）。

23. 〔美〕史蒂夫·斯奎爾斯著，王斌等譯：《登陸火星：「精神號」和「機遇號」的紅色星球探險之旅》（北京：中國宇航出版社，2008）。

24. 鄭永春：《飛越冥王星──破解太陽系形成之初的秘密》（杭州：浙江教育出版社，2016）。

25. 鄭永春：《火星零距離》（杭州：浙江教育出版社，2018）。

26. 陳昌亞、侯建文、朱光武：〈螢火一號探測器的關鍵技術與設計特點〉，《空間科學學報》，29（5），2009，頁 456-461。

27. 耿言、周繼時、李莎等：〈我國首次火星探測任務〉，《深空探測學報》，5（5），2018，頁 399-405。

28. 歐陽自遠，蕭福根：〈火星探測的主要科學問題〉，《航天器環境工程》，28（3），2011，頁 205-217。

29. 吳偉仁，馬辛，寧曉琳：〈火星探測器轉移軌道的自主導航方法〉，《中國科學：信息科學》，42，2012，頁 936-948。

30. 〈「月宮一號」成功完成我國首次長期多人密閉試驗·軍民兩用技術與產品〉，新華網，2014（08）：19。

31. 葉培建，黃江川，孫澤洲等：〈中國月球探測器發展歷程和經驗初探〉，《中國科學：技術科學》，44，2014，頁 543-558。